区域与全球洪水时空演变成因及其影响研究

刘剑宇　顾西辉　白文魁　著

中国水利水电出版社
www.waterpub.com.cn

·北京·

内 容 提 要

在全球变暖背景下，水循环加剧，极端洪水事件日益频繁，对社会经济和人民生命财产安全造成了巨大影响。洪水演变特征、成因及其影响是国内外研究的热点与国际学术前沿，更是国家对水文水资源研究的重大科技需求。本书通过搜集全球大量站点实测水文数据，系统研究了区域与全球不同维度洪水时空演变特征，揭示了洪水变化驱动机制与未来演变规律，解决了洪水模拟与风险评估的多过程多模式的复杂耦合问题。本研究可为洪水风险评估、洪水防灾减灾提供重要理论基础。

本书可供水文与水资源、水利工程、地理学等相关学科科研人员、研究生及政府相关部门科研管理人员参考使用。

图书在版编目（CIP）数据

区域与全球洪水时空演变成因及其影响研究 / 刘剑宇，顾西辉，白文魁著. -- 北京：中国水利水电出版社，2021.8
ISBN 978-7-5170-9945-1

Ⅰ．①区… Ⅱ．①刘… ②顾… ③白… Ⅲ．①洪水－水灾－研究－世界 Ⅳ．①P426.616

中国版本图书馆CIP数据核字(2021)第187179号

审图号：GS（2021）2158

书　　名	区域与全球洪水时空演变成因及其影响研究 QUYU YU QUANQIU HONGSHUI SHIKONG YANBIAN CHENGYIN JI QI YINGXIANG YANJIU
作　　者	刘剑宇　顾西辉　白文魁　著
出版发行	中国水利水电出版社 （北京市海淀区玉渊潭南路 1 号 D 座　100038） 网址：www.waterpub.com.cn E-mail：sales@mwr.gov.cn 电话：（010）68545888（营销中心）
经　　售	北京科水图书销售有限公司 电话：（010）68545874、63202643 全国各地新华书店和相关出版物销售网点
排　　版	中国水利水电出版社微机排版中心
印　　刷	北京印匠彩色印刷有限公司
规　　格	184mm×260mm　16 开本　9.75 印张　237 千字
版　　次	2021 年 8 月第 1 版　2021 年 8 月第 1 次印刷
定　　价	**80.00 元**

前言 QIANYAN

洪水灾害是全球范围内影响最大的自然灾害之一，在过去30年内，已造成数百万的人口死亡。气候变暖加剧水循环，导致极端降水持续增加，进而影响区域与全球洪水时空演变规律。在全球变暖背景下极端洪水事件频发，对社会经济和人民生命财产安全造成了巨大影响。洪水演变特征、机理及其影响研究已成为国内外研究热点与国际学术前沿，更是国家对水文水资源研究的重大科技需求。然而，由于站点观测水文数据的缺乏，已有研究成果多集中于区域或者流域尺度，缺乏对洲际尺度及全球洪水演变特征、机制及未来演变的评估。为准确把握洪水时空演变规律，保障社会经济发展，迫切需要开展不同时空尺度洪水演变特征研究，剖析气候变化影响下洪水演变机理，预估未来洪水演变规律及其对社会经济的影响。开展变化环境下区域与全球洪水时空演变特征、成因及其影响研究，对于科学理解气候变化和人类活动影响下洪水变化及其机理具有重要的科学意义，对防洪救灾、洪水风险评估和水利工程设计标准设置等具有重要的现实意义，可为洪水的防灾减灾及提高水利工程防洪抗洪水平提供有效科学依据。

本书得到以下基金的共同资助：国家重点研发计划项目"不同温升情景下区域气象灾害风险预估"（项目号：2019YFA0606900）、"洪水频率非一致性对城市化的响应及定量归因——以珠江三角洲石马河流域为例"（项目号：41901041）、国家自然科学基金青年基金"CO_2浓度升高引起的气候与植被变化对径流影响机理与耦合模拟研究——以汉江上游为例"（项目号：42001042）、国家自然科学基金委联合重点基金"基于地学大数据的城市水资源环境系统时空透视与智能管控"（项目号：U1911205）、中国科学院先导科技专项（A类）"南极气候变化及其对东亚夏季气候的影响"（项目号：XDA19070402）、兰州大学西部生态安全省部共建协同创新中心开放基金（项目号：lzujbky - 2021 - kb12）、中国博士后科学基金面上资助项目"CO_2浓度升高所引起的全球'变绿'对径流变化影响评估"（项目号：1231923）、黄土与第四纪地质国家重点实验室开放基金（项目号：SKLLQG2018）、南京水利科学研究院实验室开放基金"CO_2浓度升高影响下全球径流对植被变化响应特征及其机理研究"（项目号：U2020nkms01）、水利水电工程科学国家重点实验室开放基金项目"自然-人为双重驱动下气候与植被协同作用对径流变化影响研究"（项目号：2020SWG02）。

本书内容共分七章。第 1 章，主要介绍了本书的研究背景、科学意义、科学问题和核心内容。第 2 章，通过搜集全球 20000 余水文站点日径流数据，系统分析了多维洪水变化特征及其成因。第 3 章，通过多模式多过程耦合模拟，深入评估了全球变暖影响下全球洪水风险演变及其对社会经济的影响。第 4 章，以受人类干扰较少的天然流域为例，研究了洪水水文气候特征及其对气候变暖的响应。第 5 章，识别了天然流域不同时间尺度洪水集聚性特征，及其对大气环流变化的响应。第 6 章，系统评估了多个大尺度气候因子对天然流域洪水变化的影响，探讨了其潜在机制。第 7 章，研究了天然流域多维洪水时空变化特征，并利用多模式集成，预估了未来洪水演变特征。全书由刘剑宇、顾西辉和白文魁负责设计、分析、计算和编写；游元媛参与了第 1、第 4、第 5、第 6 章的编写；刘翠艳参与了第 2、第 3 章的编写。冯星昱参与了第 6、第 7 章的编写；俞明哲和王诗琳参与了第 2、第 3、第 6 章的编写。上述项目的执行和本书的撰写，得到了张强教授、张永强教授、程磊教授、杨雨亭教授等的支持和帮助。笔者对所有为本书出版做出贡献的老师、同学和朋友致以衷心的感谢。

　　由于作者水平有限，书中难免出现疏漏，敬请读者批评指正。

作者

2020 年 12 月

目录 MULU

第1章 绪 论

洪水是当前全球致命率最高、致损率最大的自然灾害之一，1980—2013 年全球因洪水死亡人数高达 22000 人[1-3]。然而，洪水对保持水生态系统的正常运转[4-5]、缓解旱情[6]等也具有积极影响。近百年来，受全球变暖的影响，湿润区和干旱区的极端降水持续加强，主要以次数更频繁、发生量级更大为特征[7-8]。随着极端降水变化，洪水风险也趋于上升，若不进一步采取有效的防范措施，至 21 世纪末，全球由洪水造成的损失可能会增加 20 倍[9]。除极端降水变化以外，洪水的演变还受大气条件（如降水量大小、类型、季节性及阶段）以及融雪模式、前期土壤水分、土地利用和土地覆盖（如城市化和农业生产），及人类活动（如管理、开采、大坝和河流改道）等因素的影响[5,10-14]。此外，洪水的时间聚集性特征对洪水的评估、设计以及风险管理具有较大影响[15-16]。近年来，变化环境洪水的时空演变特征、成因及影响已成为国内外研究的重点和难点[17]。因此，从全球和区域尺度提高对变化环境下洪水时空演变特征及成因的认识，探讨洪水受气候变化及人类活动的影响，可为变化环境下国内外防洪减灾工作提供理论依据。

联合国政府间气候变化专门委员会（IPCC）在 2013 年的报告中指出："由于缺乏有效数据，目前很难准确判断全球尺度下洪水量级和频率的变化趋势[18]"。此外，IPCC"全球变暖 1.5℃"专题报告提出："与 2℃ 的变暖目标相比，将全球变暖限制在 1.5℃ 可以大幅度减少极端降水频率的增加，从而减少洪灾损失。"因此受洪水影响的全球土地面积比例预计在 1.5℃ 的暖化中相对减少[7,19-20]。众多国际性水科学计划，如国际地圈-生物圈研究计划（IGBP）、全球水系统计划（GWSP）、联合国教科文组织的国际水文计划第七阶段（IHP-Ⅶ）等，都已将气候变化和人类活动对水资源产生的影响作为重点研究问题。

洪水变化特征、成因及其影响，在流域或区域尺度开展了大量研究。然而，目前关于全球洪水变化的理解仍然非常有限。由于已有区域研究通常采用不同的方法、利用不同的水文站点和时段展开分析，因此很难就全球洪水变化得出可靠的结论。另外，洪水变化除了存在区域差异外，在不同维度同样可能存在差别，如洪水量级、频率和历时等。因此，有必要开展全球尺度不同维度洪水演变与归因研究。此外，为深入探讨洪水演变机制，本书以受人类活动干扰相对较小的澳大利亚作为典型区域，开展区域尺度天然洪水演变特征及其驱动机制研究。澳大利亚是一个资源丰富、人口稀少的国家。由于其城市主要沿海分布，城市深受海洋气候的影响。洪水灾害是澳大利亚最严重的自然灾害之一，对当地自然环境与社会经济影响深重[21-24]。例如，2010 年初，由于受强拉尼娜事件的影响[25-26]，昆士兰州于 2010—2011 年间遭受数次洪水灾害，直接导致 20 亿澳元的经济损失及 35 人死亡[27]。除此之外，虽然现已有大量区域洪水演变趋势的研究[12,28-34]，对于同一地区洪水变化，不同研究可能会得出差异较大的结论[28-29]，且对全球范围洪水演变的理解有限。

当前国内外十分关注的关于洪水的关键科学问题主要包括：过去几十年来，区域与全球洪水发生了怎样的变化？其变化成因是什么？洪水为何存在时间聚集性？洪水对未来全球变暖将有怎样的响应规律？解决这些问题是提高防洪抗洪水平的重要前提。

变化环境下区域与全球洪水变化响应在时空分布上存在明显差异。要准确把握洪水时空演变规律，保障社会经济发展，就必须评估洪水的时空演变特征，识别并定量评价不同区域以及不同时间尺度洪水演变对变化环境的响应，预估洪水变化对全球变化的响应。因此，开展变化环境下区域与全球洪水时空演变特征、成因及其影响研究，对于科学理解在气候变化和人类活动影响下，防洪救灾和水利工程设计标准设置具有科学和现实意义，可为防洪减灾及提高水利工程防洪抗洪水平提供有效科学依据。

因此，本书以洪水为研究对象，系统分析洪水演变特征、机理及其影响。具体研究内容如下：

（1）通过搜集全球 20000 余水文站点实测径流数据，系统研究不同时期全球洪水多维特征变化趋势，探讨全球洪水变化的成因。

（2）采用多模型框架，探讨全球变暖和地区社会经济发展不平衡对全球洪灾区洪水量级和变率的面积、人口和国内生产总值暴露度的影响，揭示不同温升背景下全球洪水暴露度的影响机制。

（3）基于 ISI-MIP 5 个全球气候模式驱动下的 8 个水文模型模拟结果，预测未来洪水演变特征。

（4）构建洪水聚集性定量评估框架，探究不同时间尺度上洪水聚集性特征及其驱动机制。

（5）分析天然流域洪水变化特征，检验大尺度气候因子与天然流域的季节性洪水量级/频率的关系，揭示影响洪水变化的主导气候因子及其物理机制。

（6）利用洪峰超阈值采样法提取流域洪水量级、体积、频率和历时序列，研究多维洪水变化趋势的空间差异，基于多模式模拟研究气候变化背景下未来洪水演变规律。

本书的研究成果有助于系统理解不同时空尺度洪水演变特征、成因及其对社会经济的影响，可为洪水风险管理和洪水防灾减灾提供参考。

第 2 章　全球洪水多维变化特征及其成因分析

2.1　概述

洪水灾害是全球最具破坏力的自然灾害之一，在过去 30 年内，已造成数百万的人口死亡[35-37]。由于人为强迫对气候变化的影响，极端降水事件日益频繁，且在未来呈增加趋势[38-39]。因此，研究洪水的时间变化特征及其成因至关重要[29]。

尽管已经在区域尺度开展了大量有关洪水变化特征及成因的研究，如北美[12,28-30]、欧洲[31]、澳大利亚[32-33]和亚洲[34]，然而，目前对全球洪水变化的理解十分有限。已有区域研究通常采用不同的方法、利用不同的水文站点和时段展开分析，难以就全球洪水变化得出可靠的结论。此外，洪水变化除了存在区域差异外，在不同维度同样可能存在差别，如洪水量级、频率和历时等。然而，现有全球洪水变化研究仅采用年最大一日采样技术提取年最大日洪水流量。该方法存在如下局限：①仅能评估洪水量级变化趋势；②无论一年内发生多次洪水或没有发生洪水，年最大值采样技术均能在每年提取一个洪水事件。超阈值采样技术能较好地克服这些局限性，可用于提取多维洪水特征。该方法通过使用优化的阈值识别洪水事件，根据所确定的洪水阈值可在一年内提取多次洪水事件，同时还可以提取出洪水发生频率和历时信息[28]。目前，尚无深入分析全球多维洪水变化趋势的研究，且缺乏对洪水变化成因的探讨。

基于 Clausius-Clapeyron 方程，全球变暖将增强大气的持水能力[38]。因此，极端降水事件在全球许多地区均显著增加[40]。然而，多项研究表明，近几十年来几乎没有洪水趋于增加的证据，甚至大多数结果表明，全球大多区域洪水事件的减少比增加更为普遍[28-29,41-42]。因此，极端降水增加为何并未导致洪水增加值得进一步探讨。

洪水变化受气候、气象、水文和人类活动等多种因素的影响[42]。有学者认为气温升高加剧了土壤干化[43]，并减少了陆地储水（即地下水、湖泊和水库）[12]。因此，土壤水分减少，可造成洪水量级、频率和历时等出现减少趋势。此外，大气环流变化可导致风暴机制及流域干湿状况的变化[44-45]。另外，水库建设[29]和城市化[46]等大规模人类活动对水文循环造成了极大的影响，在某些地区甚至超过了气候变化的影响[42]。除上述因素外，洪水还受到流域特征的影响，如植被覆盖率、灌溉等[27]。基于此 Sharma 等建议，未来的研究应聚焦于洪水变化[42]。

综上，本章的主要目标如下：①研究不同时期全球洪水多维特征的变化趋势；②探讨全球洪水变化的成因。本章基于全球 20000 多个水文站点日径流数据集（图 2-1），系统评估近半个世纪的全球洪水变化，并分析洪水量级、频率和历时的多维变化特征及其可能成因。

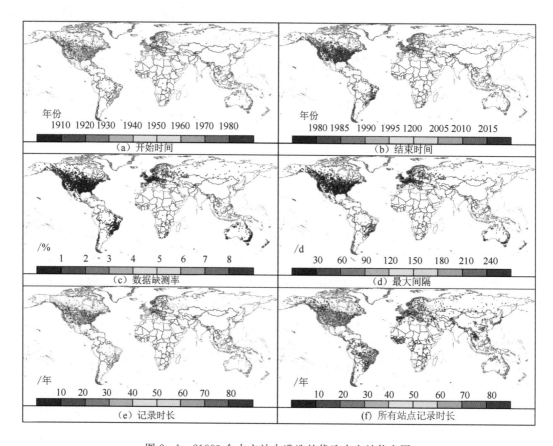

图 2-1　21883 个水文站中遴选的优选水文站信息图

2.2　数据

2.2.1　水文数据

选择高质量且覆盖范围较广的径流数据对科学检测水文变化至关重要[47]。然而，由于缺乏高质量数据，大多数有关洪水变化的研究仅限于区域或国家尺度。因此，本章整编了一个由 21883 个站点组成的全球数据集 [图 2-1 (f)]。该数据集来源于以下七个国家或国际组织机构：

（1）美国国家水资源信息系统（https：//waterdata. usgs. gov/nwis）和 GAGES-Ⅱ数据库[48]的 9180 个站点。

（2）全球径流数据中心的 4628 个站点（GRDC；http：//grdc. bafg. de）。

（3）巴西国家水务局 HidroWeb 网站上的 3029 个站点（http：//www. snirh. gov. br/hidroweb）。

（4）欧洲之友水文研究计划中的 2260 个站点（http：//ne-friend. bafg. de）。

（5）加拿大国家水数据中心的 1479 个站点（HYDAT；https：//www. canada. ca/en/environment - climate - change）。

（6）英联邦科学与工业研究组织（CSIRO）和澳大利亚气象局的 776 个站点（http：//www. bom. gov. au/waterdata）[49]。

（7）智利气候与恢复力研究中心（http：//www. cr2. cl/recursos - y - publicaciones/bases - de - datos/datos - de - caudales）和 CAMELS - CL 的 531 个站点[50]。

各站点观测数据的时间覆盖范围不同（图 2-1），与之相关的洪水变化趋势在不同时段也可能存在较大差别。因此，本章拟选择如下三个时间段来分析洪水变化特征：1951—2000 年、1961—2010 年和 1971—2017 年。

采用以下两个步骤筛选各时间段内的研究站点：①剔除各站点日观测值缺失超过 10% 的年份；②剔除各时间段观测数据少于 30 年的站点。最终，1951—2000 年、1961—2010 年和 1971—2017 年间，分别筛选出 6179 个、6961 个和 6625 个测站，平均记录长度分别为 43.7 年、43.9 年和 42.1 年。

2.2.2 气象数据和流域特征

提取各个流域极端降水、温度和流域特征数据，以评估其对洪水变化的影响。本章所使用的全球日降雨量数据来自于 Beck[51]，月气温数据来自于 the Princeton Global Forcing 数据集（http：//hydrology. princeton. edu/data. pgf. php），并收集了一套流域特征数据，包括灌溉面积、土地覆盖率、归一化植被指数（NDVI）、人口、水库、坡度及高程和土壤特性等（详细信息参见表 2-1），用于洪水变化归因分析。

表 2-1   用于提取流域特征的全球数据集

变量	数据来源	空间分辨率
灌溉面积	全球灌溉区域图（GMIA）（http://www. fao. org/nr/water/aquastat/irrigation-map/index10. stm）	5′×5′
土地覆盖率	ESA GlobCover 版本 2.3（https://www. edenextdata. com/？ q＝content/esa - globcover - version - 23 - 2009 - 300m - resolution - land - cover - map - 0）	9″×9″
NDVI	MODIS 植被指数信息（https://ecocast. arc. nasa. gov/data/pub/gimms/）[52]	7.5″×7.5″
人口	全球网格化人口数据（GPW）（http://sedac. ciesin. columbia. edu/data/set/gpw -v4 - population - count）	30″×30″
水库	Global HydroLAB（http://wp. geog. mcgill. ca/hydrolab/grand/）[53]	6862 个大型水库
坡度及高程	GTOPO30 全球数字高程模型（http://www. temis. nl/data/gtopo30. html）及 ViewFinder 数字高程模型（http://viewfinderpanoramas. org/）	30″×30″
土壤特性	全球网格化土壤特性数据（https://soilgrids. org）	7.5″×7.5″

2.2.3　重力卫星（GRACE）数据

全球陆地储水量变化数据来自于重力恢复和气候实验（Gravity Recovery and Climate Experiment，GRACE）卫星。GRACE 卫星数据应用广泛，包括地下水监测[54]、洪水预测[55]和干旱监测[56]等。GRACE 数据始于 2002 年，空间分辨率为 0.5°，采用以厘米为单位的等效水厚度表示。尽管 GRACE 数据的时间覆盖范围相对有限，但这些数据可以为水文模拟和预测提供有效信息[12]。GRACE 数据集由 Jet Propulsion 实验室处理并改善了信号恢复该数据集可从 GRACE Tellus 网站（https：//grace.jpl.nasa.gov/data/get–data/）上下载。本章采用陆地储水数据和洪水数据的共同覆盖期（2001—2015 年）评估陆地储水变化对洪水的影响。

2.2.4　大气环流数据

为了分析大气环流对洪水变化的潜在影响，本章采用了自 1948 年以来持续更新的全球再分析数据集，该数据集来自于由国家环境预测中心和国家大气研究中心（NCEP/NCAR）[57]。本章选择空间分辨率为 2.5°×2.5°的 850hPa 位势高度和月水平风场数据，数据来自于 NCEP/NCAR 网站（https：//www.esrl.noaa.gov/psd/data/gridded/data.ncep.reanalysis.pressure.html）。

2.3　方法

2.3.1　洪水抽样法

本章使用年最大值采样技术提取各年和各季度的洪水量级。为了获得洪水发生频率和历时信息，本章采用超阈值采样技术，在不限制洪水事件发生时间的条件下，平均每年提取两次洪水事件。此外，本章使用两周的时间窗口以避免同一场洪水被重复提取。将每年的洪水事件分为春季（3—5 月）、夏季（6—8 月）、秋季（9—11 月）和冬季（12 月至次年 2 月）进行数据处理，以获得季节性洪水频率和历时信息。

2.3.2　区域趋势分析法

利用 Mann–Kendall 检验检测洪水趋势[58]。本章基于 IPCC 第五次评估报告中所划分的 17 个次大陆区域（http：//www.ipccdata.org/guidelines/pages/ar5_regions.html），分析区域洪水趋势。区域性趋势是基于次大陆上所有站点的平均趋势幅度（$\overline{T}$）计算得到的。$\overline{T}$ 为通过 Sen–Theil 斜率计算出的每 10 年的百分比变化。Bootstrap 方法可用于确定区域性趋势对于给定区域是否显著[59]。该方法步骤如下：

（1）用替换时间序列对洪水进行重采样，以建立长度相同但年份顺序不同的新数据集。

（2）用新数据集计算区域性趋势 $\overline{T}'$。

（3）重复以上两个步骤 3000 次，得到 $\overline{T}'$ 的分布情况。

(4) 计算 p 值，即 $\overline{T} < T'$ 的分位数。

如果 $p < 0.05$ 且 $\overline{T}$ 为正（负）值，则区域洪水呈显著增加（减少）趋势[59]。

2.4 洪水变化趋势的全球格局

随着研究时段的变化洪水变化趋势存在一定差异，如图 2-2 所示。1951—2000 年间，洪水量级显著减少趋势站点略多于显著增加站点。在后两个时间段内，这种差距进一步拉大。具体而言，洪水量级表现为显著下降趋势的站点从 1951—2000 年间的 674 个（9.2%）增加到了 1961—2010 年间的 773 个（9.7%）和 1971—2017 年间的 698 个（9.6%）。而显著增加趋势站点数量变化则相反，其数量从 1951—2000 年间的 604 个（8.2%）分别减少到了 1961—2010 年间的 535 个（6.7%）和 1971—2017 年间的 420 个（5.8%）。总的来说，全球洪水量级以减少趋势为主，特别是近 50 年，洪水量级呈显著减少趋势的站点明显增多。

Hirsch 和 Archfield[58]总结道："洪水频率升高，但洪水量级并未变大。"本章在时段 1 的结果与该结论一致 [图 2-2 (a)]，该时段内洪水泛滥（洪水频率呈显著增长趋势的站点明显增多）。但在后两个时段内，结果有所不同。时段 2 内洪水频率呈显著降低趋势的站点数量接近于呈显著增加趋势的站点。然而，时段 3 内洪水频率呈显著降低趋势的站点明显增多。具体而言，时段 3 内，428 个（5.9%）流域的洪水频率呈显著增长趋势，但 620 个（8.5%）流域呈显著下降趋势。在洪水历时方面也有相似的结论，即时段 1 内洪水历时较长，但后两个时期洪水历时较短。

大体上，时段 1 和时段 3 内洪水量级、频率和历时呈显著增长趋势的站点趋于减少，而洪水特征呈显著减少趋势的站点则趋于增加，季节性洪水在大多数情况下的变化趋势亦是如此（图 2-3）。因此，时段 3 内洪水特征变化趋势是强度越来越小、频率越来越低、历时越来越短，这意味着近几十年来全球，特别是受水库影响的地区，洪水风险趋于降低（图 2-4）。受大型水库影响的地区，洪水量级、频率和历时趋势呈显著下降趋势的站点数量至少是洪水特征趋势呈显著增加趋势的站点数量的两倍。

大多数情况下，不同维度、不同时期的区域性洪水趋势是一致的（图 2-5）。在本章三个研究时段内，北欧、亚马逊和南美洲东南部的洪水量级均呈持续增长趋势。与之相反，阿拉斯加/加拿大西北部、中美洲/墨西哥、巴西东北部、南欧/地中海、南部非洲和南澳大利亚的洪水量级均呈持续下降的趋势。在三个时段内，南欧/地中海地区观测到的信号最强，洪水量级、频率和历时每 10 年减少了 10% 以上，并且超过 20% 的站点表现出显著下降趋势（表 2-2）。结果表明，洪水量级通常与洪水频率和历时相关，这意味着在某些地区，洪水往往更大、更频繁、历时更长，而在其他地区则相反。

总体而言，不同时期多维洪水特征变化趋势的空间格局具有极强的一致性。此外，在大多数情况下，尤其是过去 50 年（时段 3），洪水风险明显降低。本章深层次研究了洪水时空变化的主要原因：可能是气候、人类活动直接影响（即筑坝和水库管理）、陆地储水变化以及流域特征间复杂相互作用的结果。

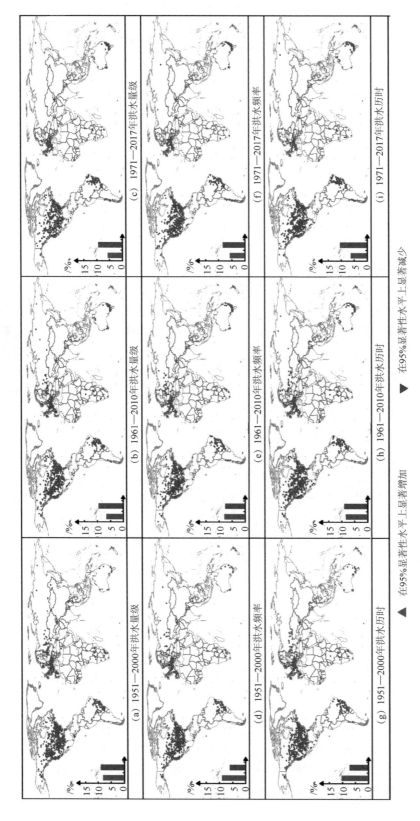

▲ 在95%显著性水平上显著增加　　▼ 在95%显著性水平上显著减少

图 2 - 2　洪水量级、频率和历时趋势

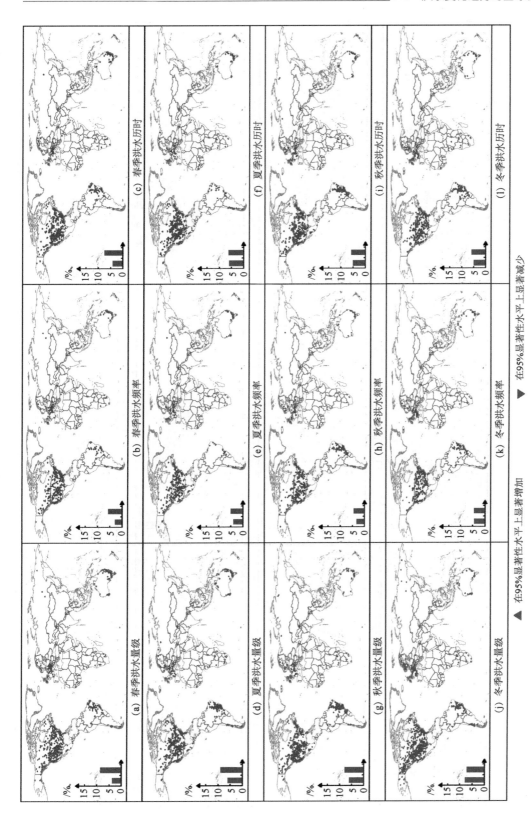

▲ 在95%显著性水平上显著增加　　▼ 在95%显著性水平上显著减少

图 2 - 3　1971—2017 年季节性洪水量级、频率和历时趋势

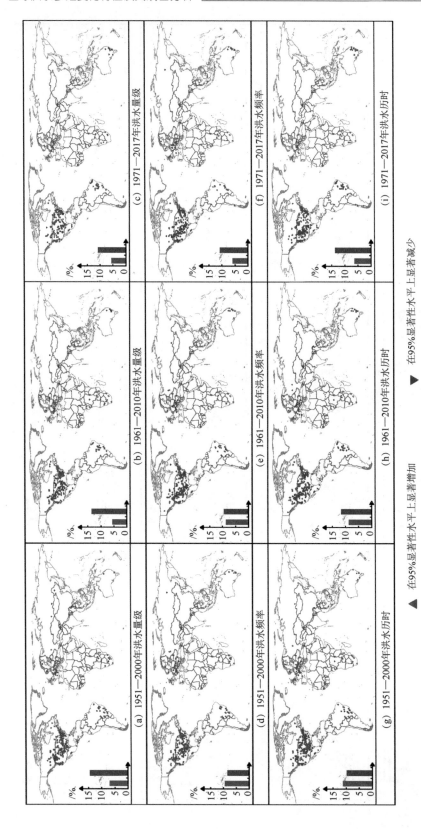

图 2 - 4 受大型水库（流域内至少含 1 个大型水库）影响的年尺度洪水量级、频率和历时趋势

▲ 在95%显著性水平上显著增加 ▲ 在95%显著性水平上显著减少

(a) 1951—2000年洪水量级 (b) 1961—2010年洪水量级 (c) 1971—2017年洪水量级

(d) 1951—2000年洪水频率 (e) 1961—2010年洪水频率 (f) 1971—2017年洪水频率

(g) 1951—2000年洪水历时 (h) 1961—2010年洪水历时 (i) 1971—2017年洪水历时

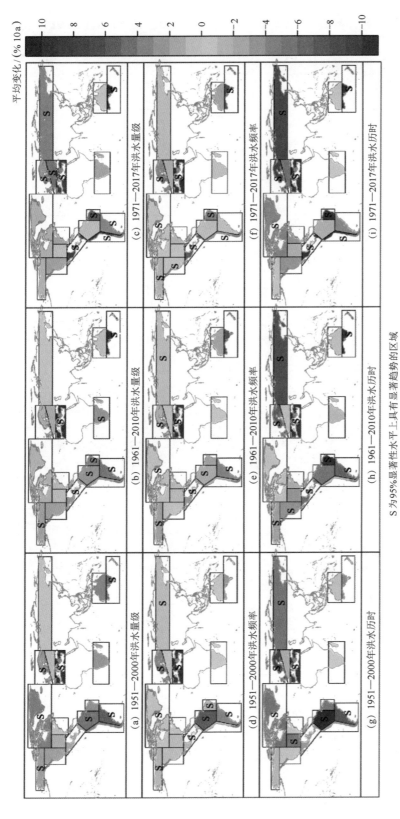

图 2-5 年尺度洪水量级、频率和历时的区域平均变化图

S 为 95% 显著性水平上具有显著洪水量级、频率和历时趋势的区域

表 2 - 2　显示不同地区洪水量级、频率和历时显著增加（减少）趋势的区域百分比

序号	区　　域	简称	站点	量级	频率	历时变化
1	阿拉斯加、加拿大西北部	ALA	166	4.2 (7.2)	6 (6)	10.8 (5.4)
2	亚马逊河流域	AMZ	76	7.9 (1.3)	6.6 (0)	2.6 (0)
3	中美洲、墨西哥	CAM	44	2.3 (15.9)	2.3 (9.1)	0 (18.2)
4	欧洲中部	CEU	729	9.2 (1.6)	5.1 (2.2)	5.5 (2.1)
5	加拿大、格陵兰岛和冰岛	CGI	120	12.5 (10)	8.3 (7.5)	29.2 (6.7)
6	北美洲中部	CNA	1393	7 (7.3)	7.7 (8.2)	9.8 (7.1)
7	北美洲东部	ENA	1459	2.8 (10.4)	3.7 (7.5)	2.1 (10.3)
8	欧洲南部、地中海地区	MED	49	2 (20.4)	0 (22.4)	2 (20.4)
11	亚洲北部	NAS	48	2.1 (0)	0 (2.1)	4.2 (0)
12	澳大利亚北部	NAU	172	2.9 (1.2)	0 (4.7)	5.2 (5.2)
13	巴西东北部	NEB	265	2.6 (27.2)	2.3 (17.7)	1.5 (38.1)
14	欧洲北部	NEU	398	15.6 (0.8)	15.6 (1.5)	17.6 (0.5)
15	非洲南部	SAF	51	3.9 (9.8)	2 (5.9)	9.8 (7.8)
17	澳大利亚南部、新西兰	SAU	366	0.8 (24)	1.6 (22.7)	1.1 (25.1)
19	南美东南部	SSA	299	12.4 (3.3)	7.7 (6.4)	8 (3.7)
21	北美洲西部	WNA	1440	2.1 (10.3)	4.1 (9.2)	3.6 (13.3)
22	南美洲西海岸	WSA	67	1.5 (29.9)	4.5 (10.4)	1.5 (25.4)

2.5　气候与陆地储水变化对洪水变化趋势的影响

尽管极端降水事件是洪水形成的主要因素[60]，但洪水变化通常受到多种驱动因素的影响[61]。本章研究了 1971—2017 年间的气候条件（包括极端降水、气温和大气环流）、陆地储水变化与洪水变化之间的关系。

与 Donat 等在 2016 年的结论相似,全球极端降水事件明显增加〔图 2-6(a)、(b)〕[7]。然而,只有少数地区表现出极端降水事件变化和洪水变化的一致性。尽管在大多数区域,洪水和极端降水事件显著相关,但如图 2-7 所示,大部分变化显著的站点表现出相反的变化趋势。但也存在例外,例如美国西南部极端降水事件量级和频率的变化趋势均显著下降,其多维洪水特征也显示出显著下降的趋势(图 2-7)。总而言之,极端降水是导致洪水发生的关键因素之一,但其对洪水趋势的影响有限。因此,洪水趋势变化可能受其他因素影响。

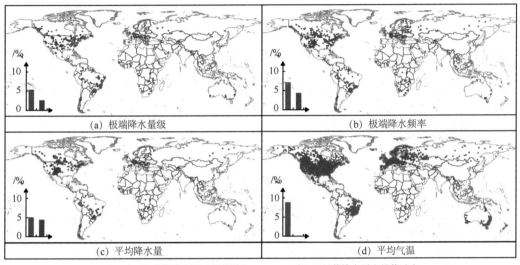

▲ 在95%显著性水平上显著增加 ▼ 在95%显著性水平上显著减少

图 2-6 极端降水量级、极端降水频率、平均降水量和平均气温趋势图

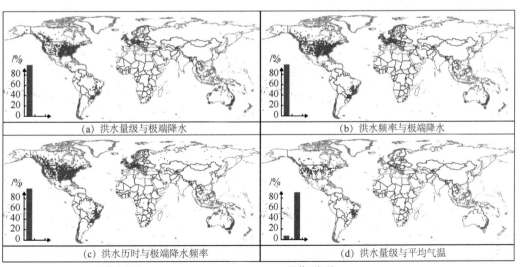

● 显著负相关 ● 显著正相关

图 2-7 洪水、极端降水和气温之间的相互关系图

　　如图 2-7（d）所示，在大多数流域，洪水量级减小可能与升温有关，气候变暖导致蒸散量增加，土壤干化，从而减少了洪水发生前期的土壤水分，因此气温显著升高［图 2-6（d）］会导致大多数流域的洪水明显减少。此外，气温升高导致融雪增加[62]，将加剧一些以融雪为河流径流主要补给源的站点的洪水风险。因此，在高纬度地区，如欧洲西北部和北美北部，气温与洪水强度之间呈现显著正相关关系，洪水趋势随着气温的升高而明显增强（图 2-2）。

　　大气环流的变化均会通过改变极端降水频率和洪水发生前期的土壤水分条件[63]来影响风暴机制[45]，进而导致洪水变化[33]。因此，本章研究了 1961—2010 年间 850hPa 位势高度和水平风场的变化趋势，以探讨大气环流变化对洪水的可能影响（图 2-8～图 2-10）。

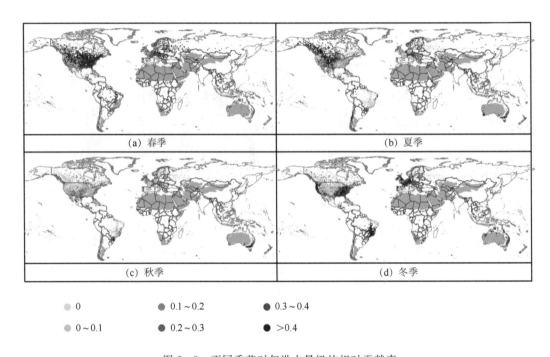

图 2-8　不同季节对年洪水量级的相对贡献率

　　众所周知，盛行西风带对控制欧洲气候变化起着关键作用。春季和冬季是全球洪水的高发季节（图 2-8），这段时期北欧存在异常低压中心［图 2-9（a）和图 2-2（c）］，利于盛行西风带和大西洋潮湿温暖的水汽输送［图 2-9（b）和图 2-2（d）］。此外，低压中心伴随着上升气流，促进水分吸收并增加水汽凝结。因此在北欧发现洪水的显著增长趋势。与北欧相反，南欧存在异常高压中心，削弱了盛行西风的强度，不利于水汽输送，导致洪水呈现减少趋势（图 2-2）。澳大利亚受异常北风控制，导致其北部被来自太平洋的暖空气覆盖，而南部被来自干旱内陆的干热风覆盖。上述作用造成了澳大利亚洪水趋势存在明显的南北差异（图 2-1 和图 2-9）。巴西东北部也存在类似的作用模式。巴西东北部的北部受内陆西风控制，而南部则受来自南大西洋的东风控制，导致巴西东北部的北部洪水减少，而其南部的洪水增加（图 2-2）。大气环流与洪水变化趋势间一致的时空分布模式证实，全球洪水变化与大气环流变化密切相关。

通过 GRACE 反演的液态水当量厚度可以代替区域性陆地储水变化[12]。由图 2-11以及图 2-12 可知，洪水量级、频率、历时以及洪水季节性变化的趋势在空间上与陆地储

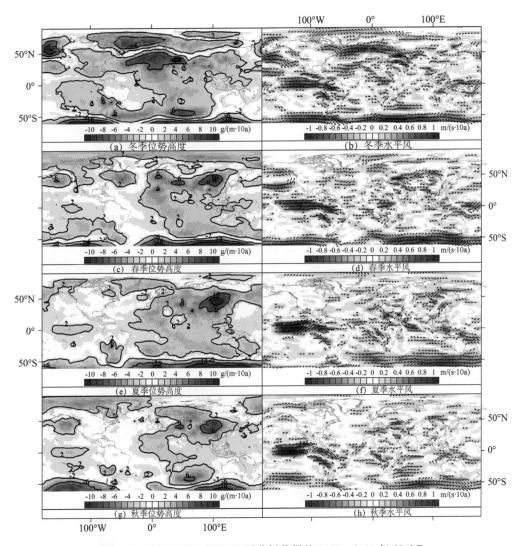

图 2-9　基于 NCEP/NCAR 再分析数据的 1961—2010 年 850hPa
水平风和季节尺度位势高度的线性变化趋势

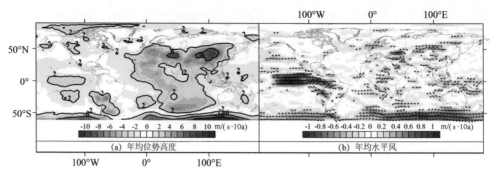

图 2-10　基于 NCEP/NCAR 再分析数据的 1961—2010 年 850hPa
水平风和年尺度位势高度的线性变化趋势

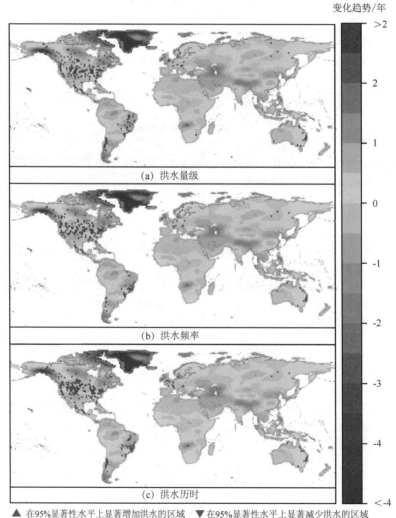

▲ 在95%显著性水平上显著增加洪水的区域　▼ 在95%显著性水平上显著减少洪水的区域

图 2-11　2002—2017 年洪水量级、频率和历时的趋势
以及陆地蓄水量的变化趋势

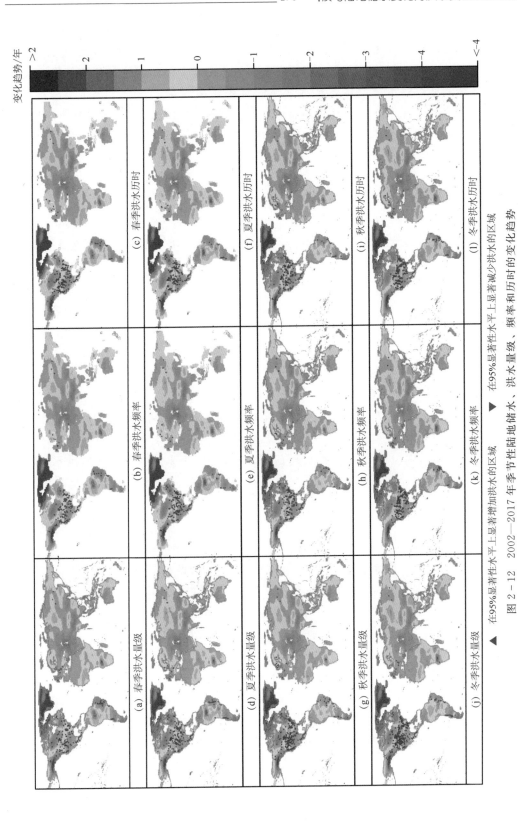

图 2 - 12　2002—2017 年季节性陆地储水、频率和历时的变化趋势

水变化一致，图中红色（蓝色）区域表示陆地储水变化呈现出减少（增加）趋势。北美洲中部和澳大利亚东部沿海地区发现显著的洪水增加趋势，与之相似，其储水量变化也呈上升趋势。此外，南美中部、巴西东北部和南非的洪水显著下降趋势也与陆地储水变化一致。以上结果表明，储水量变化是洪水变化的重要驱动因素之一。受限于 GRACE 观测数据的可用性范围，图 2-11 中的 GRACE 以及洪水趋势仅基于 2002—2017 年间的数据。然而，2002—2017 年洪水空间趋势格局与时段 3 观测到的结果大致相似（图 2-1 和图 2-3）。

2.6　流域特征对洪水变化趋势的影响

水库增加了洪水变化呈下降趋势的站点数量，说明其在洪水变化中发挥着重要作用。以洪水量级为例，在三个时间段内，无水库影响的流域中分别有 7.1%、8.3% 和 9.1% 的站点呈显著下降趋势（图 2-13）。然而，如图 2-4 所示，在三个时间段内，受大型水库影响的流域分别有 14.8%、13.8% 和 11.1% 的站点呈显著下降趋势。以上结果表明水库对减少洪水风险至关重要。为了研究流域特征对洪水变化趋势的影响，进一步分析无大型水库影响的流域。

本章基于流域特征值将受水库影响较小的站点分为等量的三组（即三分点），图 2-14 中 L、M 和 H 分别表示数量小于总体的 1/3、介于 1/3~2/3、大于 2/3 的值；误差线分别表示 5% 和 95% 的不确定度。在全球变暖背景下，陆地储水变化和蒸散量发挥着重要作用[64]，所以大型流域洪水变化呈显著下降趋势的可能性更大 ［图 2-14（b）］。此外，暴雨覆盖面积总体呈下降趋势，这将进一步加剧大型流域洪水的减少趋势[65-66]。洪水发生前，灌溉可以减少径流并增加蒸散。因此，随着灌溉强度的增加（减少），洪水趋于减少（增加）［图 2-14（d）］。全球变暖导致融雪增多，这可能增强受融雪影响的地区的洪水风险。因此，在高纬度地区将更频繁地发生量级更大的洪水 ［图 2-14（e）］。

城市化不仅改变了流域的渗透率和粗糙度[42]，而且改变了降水强度[67]，并将进而影响区域性洪水变化。因此，城市化率较高地区的洪水变化呈显著增加趋势的站点多于呈显著下降趋势的站点。一般而言，随着城市化面积的增加，洪水的增加（减少）趋势趋于上升（下降）（图 2-13），这意味着城市化会进一步增加城市洪涝风险。

总而言之，流域特征在洪水变化中至关重要[68]。在高纬度、归一化植被指数较低、季节性潜在蒸散发较高、坡度较低和城市化水平较高的地区，洪水量级、频率和历时趋于增加。反之，在低纬度、干旱指数高、面积大、降水与潜在蒸散发的相关性低、季节性潜在蒸散发高和城市化水平较低的地区，洪水量级、频率和历时趋于降低。

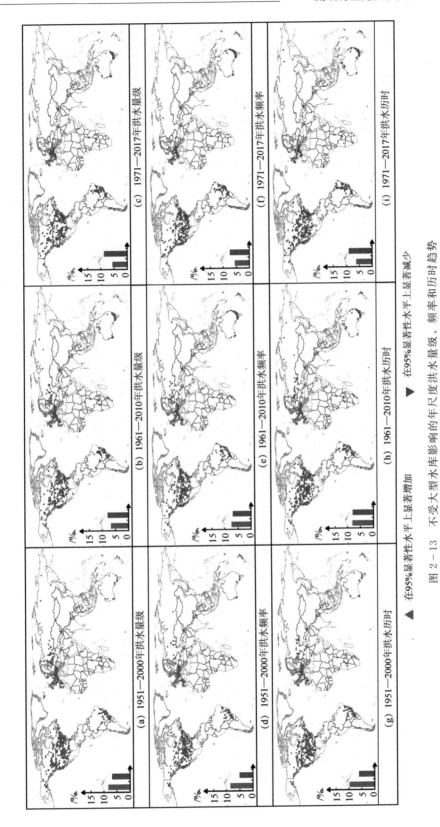

图 2-13 不受大型水库影响的年尺度洪水量级、频率和历时趋势

▲ 在95%显著性水平上显著增加　　▼ 在95%显著性水平上显著减少

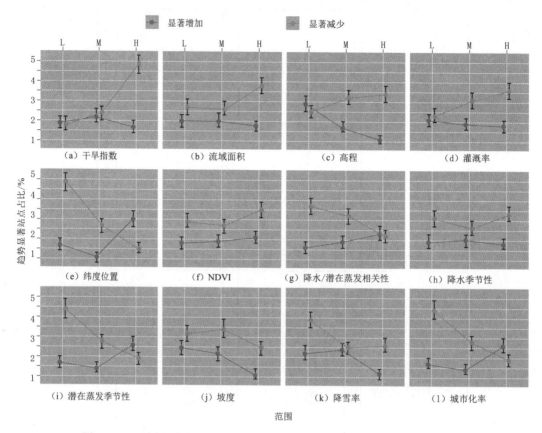

图 2-14　不同流域特征下受水库影响较小的站点洪水量级变化趋势比例图

2.7　本章小结

尽管近几十年来洪水的影响不断扩大[68]，但在全球范围内，洪水多维特征（例如量级、频率和历时等）是否呈增加趋势的问题仍未解决。有研究发现，在美国中部地区，洪灾的发生频率升高[29,58]，然而迄今为止，这一发现尚未在全球尺度上得到验证。与现有的全球性研究相比[41,59]，本研究对全球洪水多维变化特征及其成因进行了深入研究，并探讨了洪水变化的可能机制。

全球评估表明，不同时期和不同洪水特征间变化趋势的空间格局通常是一致的。本章的结果表明，在大多数情况下，洪水在某些地区趋于量级更大、频率更高、历时更长，但在其他区域则与之相反。这一发现与之前的研究相吻合[59]，表明全球各地区的洪水量级分布正在上下波动。本章三个研究时间段内洪水量级的变化趋势也与之前的研究结果一致，即呈减少趋势的站点多于呈增加趋势的站点[41,69]。然而，时段 1 内洪水频率和历时呈增长趋势的站点数量明显增加。从全球角度来看，这一结果证实了 Hirsch 和 Archfield 在 2015 年提出的洪水趋向于更频繁而不是量级更大的观点[58]。然而，时段 2 中洪水频率呈显著减少趋势的站点数量与呈显著增长趋势的站点数量几乎相等，甚至在时段 3 内减少的区域超过了增长的区域，因此这一观点并不完全正确。

极端降水事件和洪水变化之间表现出明显的全球性时空错配现象，即在大多数情况下，极端降水显著增加趋势的流域，其洪水并没有显著增加而呈减少趋势。因此，虽然极端降水是洪水形成的关键原因，但其对洪水变化的影响有限，这意味着其他水文气候因素在洪水变化中可能具有更重要的作用。研究表明，全球多维洪水特征主要归因于大气环流、陆地储水和水库调节的变化，通过升温来降低洪水发生前期水分减少的影响，以及土地利用变化对洪水响应的调节。

该研究的主要局限是：①尽管考虑了三个子时段，但研究的时间段和 GRACE 数据集的时间覆盖范围并未完全重叠。②本研究仅探讨了洪水时空变化的可能成因，并未进行定量归因。但这项研究的结果对多维洪水特征的全球性变化及其潜在成因提出了前所未有的见解，有助于加深对洪水变化及其成因的认识，有利于进行气候变化影响评估和洪水灾害预防。

第3章 洪水风险对全球变暖的响应
及其对社会经济的影响

3.1 概述

为了控制人为气候变化对社会和生态系统的负面影响，2015 年，《巴黎协定》提出了一项全球性目标："将全球升温幅度控制在工业化前水平以上低于 2℃ 以内，并努力将气温升温幅度限制在 1.5℃ 之内。"之后，在区域和全球研究与评估中已经评定了相对于 2℃ 目标而言，温升 1.5℃ 对自然和人类社会的广泛影响[2-3,70-71]。IPCC 发布的 1.5℃ 专题报告对这些研究进行了总结："与 2℃ 温升目标相比，将温升限制在 1.5℃ 可以大幅度减少极端降水事件的增加，从而减缓洪水的加剧。"洪水是最致命以及致损最严重的自然灾害之一，在 1980—2013 年间已造成 22000 多人丧生[1-3]。因此，在 1.5℃ 温升和中等置信度条件下，预计受洪水影响的全球陆地面积比例会相对减小[7,19-20]。然而，由于洪水风险还取决于不同区域社会和生态系统的暴露度和脆弱性[72-73]。因此在 1.5℃ 温升的情况下，洪水风险的变化不一定与洪水危害缓解成正比。

洪水特征对人为全球变暖的响应是双重的，即平均状态和变率的变化[34,74-75]。尽管全球洪水风险评估已经预测了洪水量级的变化并评定了人口和 GDP 暴露度[76-78]，但少有研究关注洪水变率的变化[34,74]。近年来，大量研究预估了温升背景下潜在的人口和经济损失[79-80]；但是，这些研究没有直接量化在《巴黎协定》中提出的升温幅度降低 0.5℃ 的背景下洪水造成的影响，也没有在全球洪水暴露度评估中考虑区域社会经济不均衡发展的影响[77-81]。

因此，本章将评估在 1.5℃ 和 2℃ 温升背景下洪水量级和变率的变化特征。此外，本章还将评估在社会经济发展的背景下，在不同洪水量级和变率下陆地面积、人口和 GDP 暴露度的未来变化趋势，这有助于了解区域社会经济发展不平衡对温升背景下全球洪水暴露度的影响机制。

3.2 数据和方法

3.2.1 主要洪灾区

Dilley 等[82]于 2005 年绘制了四幅全球洪水风险图，即洪灾频率图、洪灾死亡风险图、洪灾经济损失比例图和洪灾总经济损失风险分布图（图 3-1）。以上四幅图中，高（低）分位数分别表示风险和损失的高（低），洪水风险按照 1th～10th 分位数划分为低风险到高风险。洪水风险分位数大于等于 1th 的区域被定义为主要洪灾区，如图 3-1 黑线包围区域所示。图 3-1 源自社会经济数据和应用中心（SEDAC）（https：//sedac. ciesin. columbia. edu），详细内容可见 Dilley 等的研究[82]。虽然 FARs 区域仅占全球陆地的 20%[82]，但该地区的极端降水量远大于全球其他大部分地区。此外，该区域维持了全球 67% 的人口生存，并包含全球 54% 的 GDP（图 3-2）。全球年最大日降水量数据源自全球降水气候学中心（http：//gpcc. dwd. de/）；全球人口分布为 GPW 第三版统计数据，全球 GDP 数据为 G-ECON 第四版统计数据，两套数据均来源于社会经济数据和应用中心（SEDAC；https：//sedac. ciesin. columbia. edu）。在评估 1.5℃ 温升下的全球效益和影响时，与社会经济发展水平较低的非主要洪灾区相比，FARs 洪灾的减缓或加剧，可能会对全球洪水风险产生更大的影响。

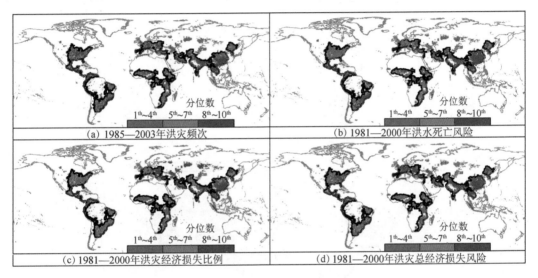

图 3-1　洪灾频次、洪灾死亡风险、洪灾经济损失比例、洪灾总经济损失风险的全球分布情况[83]

3.2.2　洪水模拟

本章采用 8 个全球水文模型（global hydrology models，GHMs）的日径流数据进行洪水模拟。这些模型由来自跨部门影响模型相互比较项目（Inter-Sectoral Impact Model Intercomparison Project，ISIMIP）中耦合模型相互比较项目第 5 阶段（Coupled Model Intercomparison Project Phase 5，CMIP5）的全球气候模式（global climate models，GC-Ms）所驱动（表 3-1 和表 3-2）。GCMs 重现极端降水事件的能力对于准确模拟洪水至关重要。许多研究已经基于全球和区域尺度上的历史观测评估了 CMIP5 GCMs 的性能（如极端降水的年际变化、偏差和趋势）[9,83-85]。Mehran 等[86] 在 2014 年指出，GCMs 在重现历史日降水量的高百分位数（>75%）方面存在一些问题。而在 Kharin 等[87] 2013 年的研究中，GCMs 可以重现 20 年一遇的极端降水值[9]。尽管存在争议，但通过 ISIMIP 中的统计方法可以将 GCM 输出数据偏差校正并降尺度为 0.5°×0.5° 空间分辨率，该方法

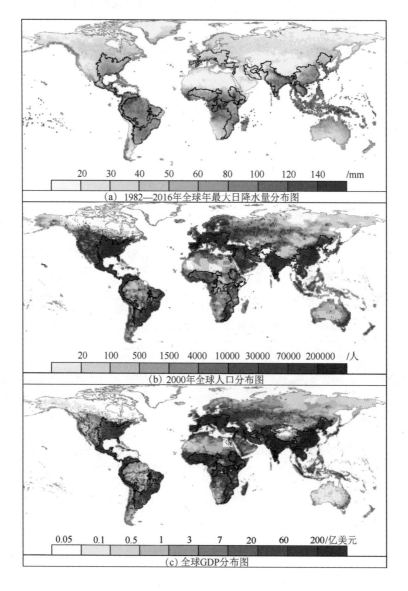

图 3-2　全球年最大日降水量、人口、GDP 分布图（FARs 为黑线内区域）

可以校正数据的概率分布并减少模拟偏差[88]。偏差校正确保了 GCMs 输出数据的长期统计特征与 1960—1999 年间的全球观测数据的一致性[89,90]，并极大增强了极端降水模拟的可靠性[91]。本章使用的偏差校正是基于历史和典型浓度路径（Representative Concentration Pathway，RCP）情景下的 GCMs 降水数据完成的。已有研究在区域和全球尺度上广泛评估了不同温升背景下极端降水的非平稳性特征[92-95]。van Haren 等[92]评估了欧洲极端降水的模拟变化，发现 GCMs 无法重现欧洲大部分地区的观测趋势。然而，从全球角度来看，CMIP5 GCMs 具有重现年降水量的平均气候状态及其季节变化的能力[94]。此外，一些研究直接利用 GCMs 的预估降水量进行非平稳极值分析[93,95]。Li 等[93]基于 GCMs 的未来降水数

据指出，当前时期百年一遇的极端降水事件将在 2035 年左右降低为 63 年一遇。Sarhadi
等[95]通过对极端温暖和干燥的气候条件进行联合概率分析，评估了非平稳气候下的多维洪
水风险。在 ISIMIP 中使用趋势保留偏差校正，可保留预估极端降水事件中的变暖信号[88]。

表 3-1　　　　　　　　　　　　　　所选 GCMs 详细信息

GCM	机　构	分辨率（网格数）
GFDL-ESM2M	地球物理流体动力学实验室	144×90
HadGEM2-ES	哈德利中心气象局	192×145
IPSL-CM5A-LR	皮埃尔-西蒙拉普拉斯学院	96×96
MIROC-ESM-CHEM	日本海洋地球科学技术局 大气与海洋研究所（东京大学）和国家环境研究所	128×64
NorESM1-M	挪威气候中心	144×96

表 3-2　　　　　　　　　　　　　　本章使用水文模型主要特征

模型名称	步长	气候强迫因子	能量守恒	蒸发体系	径流体系	植被动态	CO_2 影响	参考文献
分布式生物圈水文模型（DBH）	1h	$P,S,T,W,Q,$ LW,SW,SP	是	Penman-Monteith	蓄满产流，非线性	无	无	文献[98]
H08	1d	$R,S,T,W,Q,$ LW,SW,SP	是	Bulk formula	蓄满产流，非线性	无	无	文献[99]
宏观概率水文预报模型（Mac-PDM）	1d	$R,S,T,W,Q,$ LW,SW_{net},SP	否	Penman-Monteith	蓄满产流，非线性	无	无	文献[100]
地表相互作用的最小深度处理与径流（MATSIRO）	1h	$R,S,T,W,Q,$ LW,SW,SP	否	Bulk formula	蓄满 & 超渗产流，地下水	无	恒定（345ppm）	文献[101]
马克斯普朗克研究所-水文模型（MPI-HM）	1d	$P,S,T,W,Q,$ LW,SW,SP	否	Penman-Monteith	蓄满产流，非线性	无	无	文献[102]
全球水平衡光栏模型（PCR-GLOBWB）	1d	P,T	否	Hamon	蓄满 & 超渗产流，地下水	无	无	文献[103]
水文变量渗透能力模型（VIC）	1d/3h	$P,T_{max},T_{min},W,$ Q,LW,SW,SP	否	Penman-Monteith	蓄满产流/β（贝塔）函数	无	无	文献[104]
水量平衡模型（WBM）	1d	P,T	否	Hamon	蓄满产流	无	无	文献[105]

注　R 为降雨率；S 为降雪率；P 为降水（在模型中区分雨和雪）；T 为气温；W 为风速；Q 为湿度比；LW 为长波辐射通量（地面向下）；LW_{net} 为长波辐射通量（净）；SW 为短波辐射通量（地面向下）及 SP 为地表压力。Bulk 公式：计算湍流热通量时采用的 Bulk 传递系数。β（贝塔）函数：径流是土壤水分的非线性函数。

　　ISIMIP 旨在定量评估全球气候变化对水资源可用性、河流洪水、海岸洪水、农业、
生态系统和能源需求的影响，进而评价这些评估的不确定性，并促进模型的改进和模型间
的比较[90]。因此，ISIMIP 指明了气候变化对河流洪水的潜在影响，但没有为适应单个流
域的气候变化提供具体意见[96]。此外，GHMs 中未考虑人类活动对河流洪水的影响，如

土地利用变化、流量控制结构、防洪措施等[98]。这些人类活动可能在特定流域的洪水模拟中至关重要。因此，ISIMIP 可能会高估某些地区的洪水风险。然而，仅从气候变化的角度来看，ISIMIP 的预测结果提供了有关全球洪水风险变化及其不确定性的参考。从风险管理的角度来看，这项工作仍然值得开展：如果在大多数模型和场景中洪水风险的变化方向一致，则更应该关注那些预计洪水风险较高的地区，并应提前制定相应的计划[90]。

3.2.3　基于观测的模型验证

从 ISIMIP2a[90] 获取了历史情景下 1971—2005 年和典型浓度路径 8.5（RCP8.5）下 2006—2100 年日径流量的 40 个模拟数据集（即 5GCMs×8GHMs）。与原始 ISIMIP 相比，ISIMIP2a 专门设计用于评估模型重现历史变率，以及对诸如洪水、极端降水和暴雨等极端气候事件的响应能力。偏差校正方法也得到了改进，以便于更好地保存变率和极端气候事件以及将该方法应用于 RCP 情景下的气候预测。

RCP8.5 是高排放情景，主要指温室气体浓度的大幅增加。RCP8.5 中的洪水变化可充分反映温室气体的主要作用，并可以将其作为洪水对人为温室气体排放的响应。为了增强洪水中人为增暖作用的信号检测，仅选择 RCP8.5 下的洪水预测。8 个 GHMs 模拟的峰值流量均已与全球主要流域的观测值进行广泛评估[78,80,94,97,106]。Hirabayashi 等[97] 在全球范围内选择了 32 个大型流域，将 MATSIRO 水文模型（8 个 GHMs 之一）的洪水模拟与观测结果进行了比较，并指出在 17 个流域中，年平均日最大流量值在可接受的 50% 的偏差范围内。Li 等[94] 通过中国 10 条主要河流的观测数据对 ISIMIP 的模拟结果进行了验证，并指出 ISIMIP 在模拟洪水方面具有较好的效果。

本章还比较了 ISIMIP 的年最大日流量与来自全球径流数据中心（Global Runoff Data Centre，GRDC）的 1971—2005 年间 FARs 的 9 个大型流域中的观测值（图 3-3）。图 3-3 中的黑线为 1：1 线，图例 G、H、I、M 和 N 分别为选用的 5 个 GCMs：GFDL-ESM2M、HadGEM2-ES、IPSL-CM5A-LR、MIROC-ESM-CHEM 和 NorESM1-M。选择这 9 条大型河流的原因是它们位于 FARs 中且观测质量较高。此外，ISIMIP 提供了评估全球范围内气候变化影响的框架。因此，对于 ISIMIP 模型而言，准确模拟小型流域的洪水具有巨大的挑战性。尽管在这 40 个 GCMs/GHMs 组合的单独模拟中存在较大的不确定性和系统性偏差，但这些模拟的中位数值均有较好的模拟效果（9 条河流的 R^2 均大于 0.66），在亚马逊河、奥里诺科河、湄公河、长江和珠江流域表现最好（图 3-3）。由于缺乏河流观测值以及人类活动（如取水、水库管理、土地利用/土地覆盖变化等）的影响，难以综合评估 ISIMIP 中 GHMs 重现洪水特征和趋势的能力。然而，仍然可以认为这些 GHMs 是当前最先进的模型[96]。

3.2.4　全球温升 1.5℃ 和 2℃ 的定义

在历史和 RCP8.5 情景下，5 个 GCMs 输出了 1861—2100 年间的全球平均地表气温。以 1861—1900 年作为参考期近似估计工业化前的全球平均地表气温，以特定年份为中心的 30 年期间，预估的全球平均地表气温的增幅被定义为变暖程度，并以橘红色（粉色）虚线标注 RCP8.5 下，近 30 年全球平均地表气温（GMST）增幅最接近 1.5℃（2℃）的

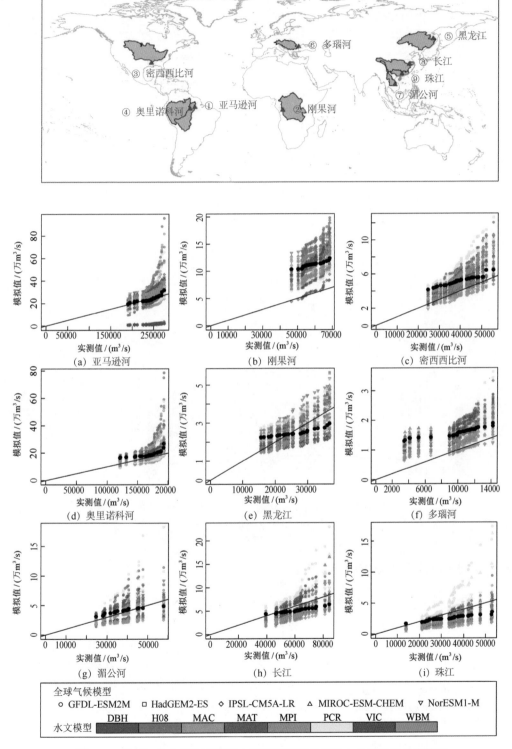

图 3-3 FARs 的 9 条主要河流中观测和模拟的年最大日流量的分位数图

中心年份（图 3-4）。此外，被确定为 1.5℃（2℃）温升的 30 年时期随 GCMs 的不同而变化（见图 3-4 中的虚线）。

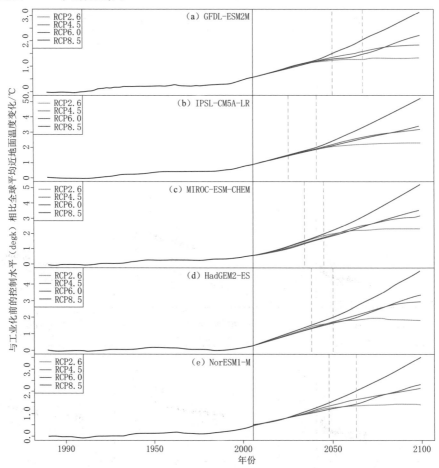

图 3-4　5 个 GCMs 模拟的相对工业化前（1861—1900 年）近 30 年近地表全球
平均气温变化图

3.2.5　洪水重现期和变化率的计算方法

对于每个网格，首先使用年最大值方法对在历史和 RCP8.5 情景下模拟的 1971—2100 年间的年最大日流量进行采样。其次，对 FARs 中的每个网格，建立 1971—2100 年洪峰的时间序列。在 1971—2100 年的 30 年中（即 1971—2100 年的洪峰时间序列以 30 年为间隔，如 1971—2000 年，1972—2001 年，…，2071—2100 年），采用广义极值分布[107]来拟合年最大日流量并估计每个网格洪水事件的重现期（即 10 年、20 年和 50 年一遇的洪水；n 年一遇的洪水表明在历史水平和不同温升水平下，各个陆地网格平均 n 年发生一次洪灾）。Dankers 等[96]在 2014 年通过似然比方法检测并确认了广义极值分布对 ISI-MIP 洪水模拟的适用性[96]。n 年一遇的洪水称为洪水量级。本节使用 30 年内每年最大日流量的标准差来定义历史时期和不同温升水平下洪水的变化情况。在计算洪水变率之前，利用 loess 拟合函数对每个陆地网格模拟的洪水序列进行局部去趋势化[108]。利用洪水量级和变率描述选定的洪水事件。

3.2.6 洪水暴露度识别

当前时期（即 1971—2000 年）估计的 10 年、20 年和 50 年一遇的洪水被视为洪水量级的阈值[96-97]。类似地，计算了当前时期年最大日流量的标准差（σ），将 1.25σ、1.5σ 和 1.75σ 作为洪水变率的阈值。在特定变暖的 30 年期间内，如果网格中的年最大日流量超过了当前的估计阈值（10 年一遇、20 年一遇和 50 年一遇洪水量级），则该网格在该阈值下表现出洪水量级暴露度。同样的，若历史时期某个网格的年最大日流量的标准偏差超过了预估的阈值（即 1.25σ、1.5σ 和 1.75σ），则该网格表现出洪水变率暴露度。根据 FARs 中的陆地面积、人口和 GDP 分别汇总了所有受洪水量级（变率）影响的网格的陆地面积、人口和 GDP。人口和 GDP 的暴露度不仅基于 2000 年的固定值进行估算，而且还考虑到了未来社会经济发展情况。图 3-5 显示了洪水面积、人口和 GDP 暴露度对洪水量级和变率的影响框架。

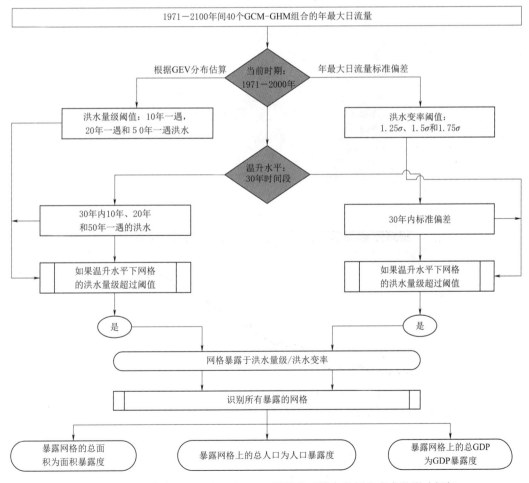

图 3-5　用于洪水面积、人口和 GDP 暴露度对洪水量级和变率的影响框架

　　通过比较温升 1.5℃ 与温升 2℃ 的洪水暴露度，推导出少升温 0.5℃ 所能避免的影响。将 ISIMIP 建模框架与共享社会经济路径相结合[109]，直接量化不同温升水平下，尤其是 1.5℃ 和 2℃ 温升下，洪水面积、人口和 GDP 的暴露度差异。此外，考虑到预估的大气成分、辐射强迫和气候特征，RCP8.5 与 SSP3、SSP4 和 SSP5 之间的映射是相匹配的[110]。根据排放情景特别报告（Report on Emissions Scenarios，SRES）B2 情景，获得 $15' \times 15'$ 分辨率的全球 GDP 分布数据[111]。虽然仅预测到 2025 年，但该网格化的 GDP 数据具有捕捉未来全球 GDP 发展模式的能力，例如东亚和南亚 GDP 在全球 GDP 中的占比不断增加。

3.3　洪水对全球变暖的响应

　　如旋转经验正交函数的主导模态所示，全球变暖是导致 1971—2100 年 FARs 的年最大日流量所定义的洪水长期变化的主要原因，该主导模态解释了洪水多模型集成模拟平均值总方差的 14.4%（图 3-6）。此外，在 ISIMIP 模拟下由 5 个全球气候模型驱动的 8 个全球水文模型所组成的 40 种模型中，有 36 种模型可以检测到全球变暖信号[90]，这表明大多数模型模拟结果支持全球变暖对洪水的影响（图 3-7）。图 3-7 中每个子图中的百分比表示主导模式的解释方差。然而，在整个 FARs 中，不同区域洪水受全球变暖影响的程度不同，这意味着全球变暖下洪水量级和方向的改变在空间上存在异质性。因此，将全球

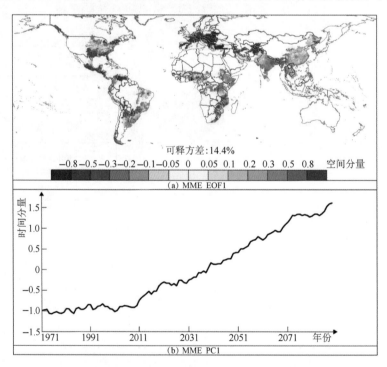

图 3-6　历史（1971—2005 年）和 RCP8.5（2006—2100 年）情景下
1971—2100 年间年最大日（Rx1day）流量的多模式综合中位数
（MME）的旋转经验正交函数（REOF）的主导模型

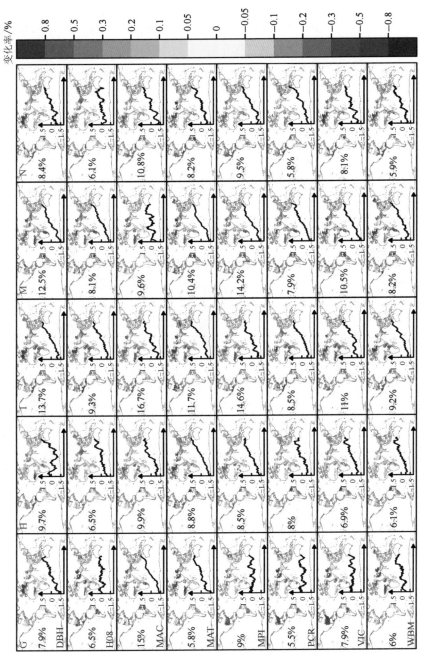

图 3 - 7　全球水文、陆地表面模型（GHMS）和全球气候模式（GCMS）的单独组合情况图

变暖下洪水变化的空间分布与社会经济发展相结合，对于评估不同程度温升下未来洪水风险的变化至关重要。

　　RCP8.5 下洪水对全球变暖的响应如图 3-8 所示。图 3-8 中位于各大洲附近的方框表示单个以及整个 FARs 的洪水变化对面积平均变化率（％）的影响情况。方框图中的黑点表示多模式系综合中值，而右侧柱状图则表示变化率的信噪比。由图 3-8 可知，温度每升高 1℃，整个 FARs 区域洪水量级的变化速率接近于 0（0.4％/℃，第 25～第 75 位百分比范围为 [-1.1，+1.3]％/℃）。然而，在人口众多且脆弱性高的地区，如东亚（5.9％/℃、[+3.8，+8.6]％/℃）和南亚（7.9％/℃，[+4.9，+10.1]％/℃），检测到了明显的正响应信号（见图 3-8）[77-78]。

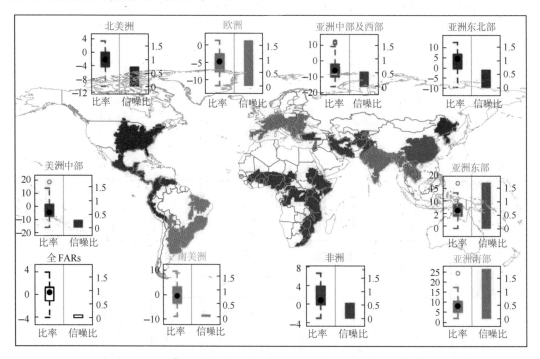

图 3-8　RCP8.5 下洪水对全球变暖的响应

　　由于在温暖气候下冬季积雪减少[80,96]，欧洲成为洪水变化对全球变暖负响应最强的地区，响应率为-4.9％/℃（[-7.7，-2.7]％/℃）。正如 Dankers 等[96]提出的，30 年一遇的洪水显著减少的地区主要集中在春季融雪补给河流地区。南亚、东亚和欧洲的信噪比大于 1，表明了响应率的可靠性。同时，其他区域的信噪比小于 1，意味着 ISIMIP 在模拟这些地区的洪水变化中存在较大的不确定性。通过已有研究以及分布在 FARs 中 9 条主要河流的观测结果（见图 3-9），证明这些不确定性均来自 GCMs 和 GHMs[78,80,97,106,112]。为了进一步提高结果的可靠性，在洪水风险评估中采用洪水趋势和相对变化，而不使用绝对估计值。此外，由于 GHMs 未考虑非气候因素（受人类活动影响），因此可能高估了东亚和南亚的正响应率。

　　洪水量级平均值和变率是洪水对全球变暖响应的两个主要方面，其变化对社会经济的影响十分重要[34,74-75]。平均值的增加会增加洪水量级，而变率的增加可能会对把握洪水变

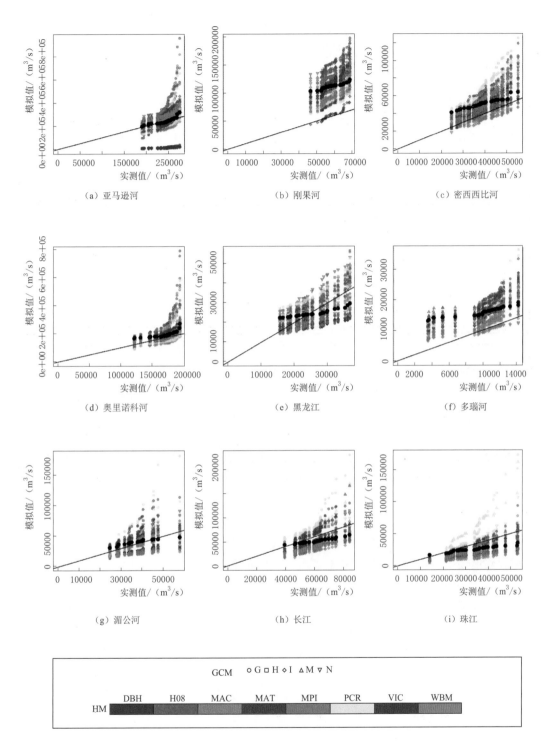

图 3-9　跨越 FARs 的 9 条主要河流观测数据以及模拟年最大日流量 Q-Q 图

化规律带来更大的挑战。通过分析相对于工业前水平（即 1861—1900 年）RCP8.5 下的变暖超过 1.5℃（2℃）下洪水量级和变率的变化，表明 64％的 FARs 的洪水量级表现出持续增加趋势。变暖 1.5℃（2℃）的区间范围为 30 年。图 3-10 中阴影区域表示大于 60％的模型组合有相同的变化信号。

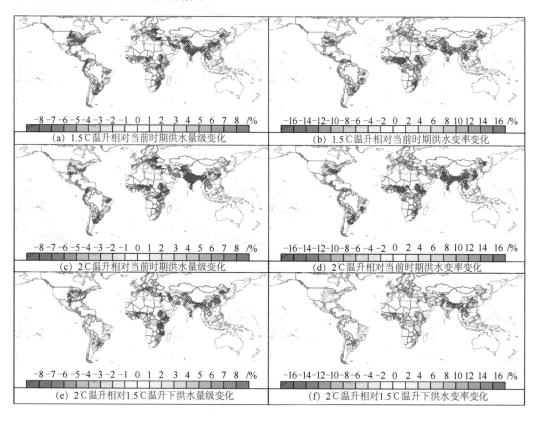

图 3-10　不同温升水平下洪水量级和变率的变化

　　大多数模型一致预估北美和南亚的洪水量级将增加，这与之前预测这些地区 100 年内将更频繁地发生洪水的研究结果一致[97,113-114]。同时，大多数模型表明，在未来变暖的气候条件下，欧洲的洪水量级有望降低。相对于温升 1.5℃，温升 2℃ 时东亚、南亚和非洲的 FARs 的洪水量级预计会变得更大，而中亚、西亚、欧洲和北美洲的洪水量级预计会变小。Hirabayashi 等[97]采用了最新的耦合淹没过程的全球汇流模型，通过 RCP8.5 下的 11 个 GCMs 的模拟计算河流流量，并预计东南亚的洪水频率将明显增加。Dankers 等[96]评估了 RCP8.5 下 2070—2099 年 30 年洪水的相对变化与历史情景下 1971—2010 年之间的相对变化，发现东南亚部分地区（包括印度）的洪水持续增加，而北欧、东欧以及北美西北部的部分地区总体下降。预计洪水变化的这种空间格局与 Best[94,96-97,113-115]中 21 个 GCMs 预估的 100 年一遇洪水变化一致。在温升 1.5℃/2℃ 的情况下，大多数模型预计 71.1％/73.8％的 FARs 洪水变率（30 年内洪水的标准差）较当前时期会有所增长，特别是在北美、非洲、南亚和亚洲东北部地区。与 1.5℃ 温升相比，2℃ 温升时 50％的 FARs 的洪水变率将增加。另外，洪水变率降低的地区主要分布在欧洲、中亚和西亚、非洲和北美洲，但超过95%的地区的降低不被大多数模型所支持。

3.4 未来变暖下洪水暴露度时空响应特征

由于不同量级的洪水可能对社会造成不同程度的威胁和破坏，本章进一步评估了1971—2000年洪水对陆地面积、人口和GDP暴露度的影响[78,116]（图3-11）。全球平均地表气温升高1～3℃，在整个FARs中观察到了中等（即10～20年一遇）和极端（即50

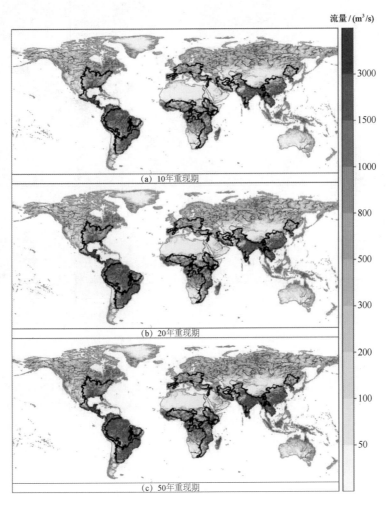

图3-11 1971—2000年基线期间的广义极值（GEV）
分布的10年、20年和50年一遇洪水的多模中值

年一遇）洪水对区域和人口暴露度的变化趋势（图3-12～图3-15）。具体而言，20年一遇的洪水面积暴露度下降了1.7%/℃，即从1.5℃的温升水平下的66.6%（［+56.0，+69.8]%）下降至2℃温升水平下的65.6%（［+54.6，+72.4]%）。然而，50年一遇

的洪水陆地面积却以 1.9%/℃ 的速度增加，从 1.5℃ 温升水平下的 45.9%（［+38.7，+49.2］%）增加到 2℃ 温升水平下的 47.2%（［+38.9，+52.1］%）。如果将 50 年一遇的洪水的面积暴露度与 2000 年固定人口相结合，则暴露度更大［1.5℃ 和 2℃ 温升水平下分别为 47.1%（［+41.0，+52.5］%）和 50%（［+43.0，+57.7］%）］，且增长速度更快（4.8%/℃），在 SSPs 下的人口预测亦是如此。Winsemius 等[77] 指出，在不采取任何适应措施的情况下，到 21 世纪末，洪水造成的破坏可能会增加 20 倍。

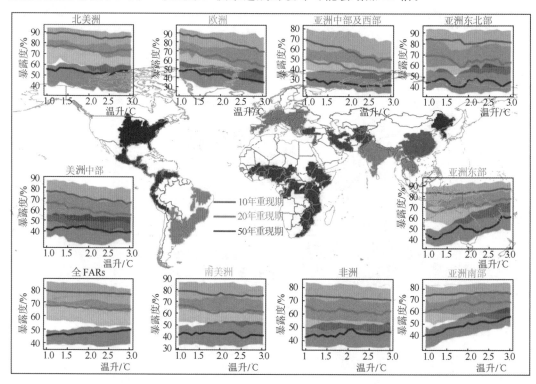

图 3-12　全球和各大洲 10 年、20 年和 50 年一遇洪水在不同温升水平下的暴露区
域图（实线和相应的阴影表示多模系综中值和其 25%～75% 的范围）

东亚和南亚是仅有的在中度和极端洪水影响下，土地面积、人口和 GDP 暴露度都有所增加的两个地区，尤其是 50 年一遇的洪水，其对变暖的响应曲线明显更加陡峭（例如，面积暴露度分别增加了 8.3%/℃ 和 7.6%/℃）（图 3-13）。图 3-13 左实线为模系综中值，阴影部分为其 25%～75% 的范围；右图实心（空心）圆圈分别代表超过 60% 的模型（不）认同中位数。

东亚和南亚未来的暴露度增长率取决于其人口和 GDP 的预估数量，这也将极大地影响整个 FARs 中洪水暴露度对变暖的响应行为。随着东亚、南亚以及整个 FARs 的预估人口比例从 SSP3 下的 34.5% 增长到 SSP4 下的 46.8%，受 50 年一遇的洪水影响的 FARs 区域，人口变化率从 2.8%/℃ 增长到 4.4%/℃。Jongman 等[76] 在 2012 年表示，与未来的总人口增长相比，洪灾危害区内的人口增长更显著。东亚和南亚经济的快速发展将提升其 GDP 占比，到 2025 年占 FARs 的 18.5%（2000 年占比仅为 9.8%）。相应地，南亚受 50 年一遇的洪水影响的 GDP 暴露度增长率从 7.3%/℃ 上升到 8.9%/℃，东亚从

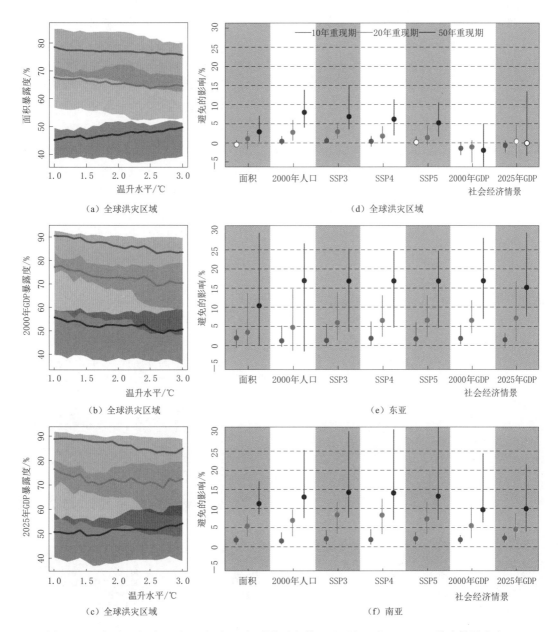

图 3-13 相对于变暖 2.0℃，变暖 1.5℃所能避免的土地面积、人口、GDP 洪水暴露度大于 1971—2100 年由广义极值分布估计的 10 年、20 年以及 50 年一遇洪水的回归值

7.8%/℃上升到 17.8%/℃，整个 FARs 中从－2.5%/℃上升到 1.7%/℃。

Hallegatte 等[117]预测，在 36 个最大的沿海城市中，洪水造成的损失可能从 2005 年的 60 亿美元/a 增加到 2050 年的 520 亿美元/a。Willner 等[78]指出，由河流洪水造成的总经济损失在 2016—2035 年间将增加 17%，如果不采取大规模的结构调整，这一损失将在中国表现得最为明显。人类活动和适应性投资可以大大减少人口和 GDP 的损失。Ward 等[118]评估了结构性防洪措施在全球城市地区的收益，并指出防洪投资可以将未来的洪灾损失减少到当前水平以下。如果在洪水模拟中考虑防洪标准,那么高收入和低收入国家的预计人口和 GDP 暴露度将大大下降[76-77]。

温升 1.5℃ 和 2℃ 下洪水暴露度的差异性用来评估少温升 0.5℃ 所能避免的影响。当少升温 0.5℃ 时,大多数模拟一致地预估 FARs 极端洪水(即 50 年一遇)面积和人口暴露度将显著地减少。2000 年,整个 FARs 上能免受 50 年一遇洪水影响的面积和人口暴露度分别为 2.9%([+0.3,+7.0]%)和 8.0%([+4.1,+13.8]%),远高于 20 年一遇洪水(即 -0.5% [-1.2,+0.5]% 和 2.8% [+0.7,+5.9]%)以及 10 年一遇洪水(即 1.1% [-1.6,+3.0]% 和 0.4% [-0.3,+1.6]%)。在东亚和南亚,主要通过将温升限制在 1.5℃ 以内来减缓极端洪水带来的风险。东亚受 50 年一遇洪水影响的面积、人口和 GDP 暴露度(约 15%)比 20 年一遇洪水(约 5%)高出 3 倍,南亚约为 2 倍。人口暴露度所能避免的影响的百分比在这些 SSPs 中具有可比性。Paltan 等[114]指出,在 1.5℃ 温升水平下,100 年一遇的洪水将降低为 25 年一遇的洪水。Hirabayashi 等[97]表示,全球受洪水的影响与温升水平高度相关。Dottori 等[80]指出,在 1.5℃ 温升水平下,洪水造成的损失将增加 70%～83%,而在 2℃ 温升水平下,死亡人数将增加 50%。

严重偏离气候平均值的洪水可能会超出一个地区生态系统和人类的承受范围,因此洪水变率的增长可能会给当地社会和生态系统造成相当大的威胁和损失[119-120]。受洪水变率影响的地区未检测到受洪水量级影响的陆地面积、人口和 GDP 的空间异质性(图 3-14)。

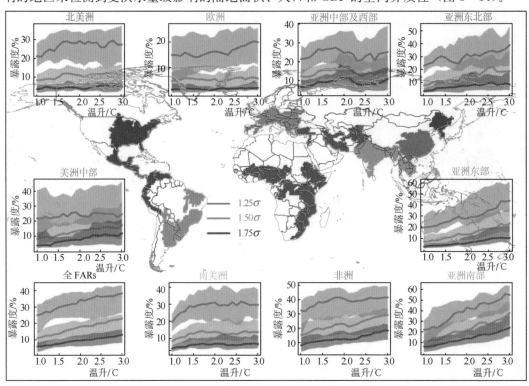

图 3-14　不同温升水平下个别和整个 FARs 区域受洪水变率影响的人口暴露度超过基线标准偏差(即 1971—2000 年)1.25σ、1.5σ 和 1.75σ 的情况示意图

　　尽管估计的暴露度因阈值和地区而异，但受洪水变率影响的陆地面积、人口和 GDP 暴露度在三个阈值［即 1.25、1.5 和 1.75 基线标准偏差（σ）］和所有单个 FARs 中仍持续增长。对于整个 FARs，在 1.5℃ 和 2℃ 温升水平下，洪水变率超过 1.25σ 的地区占比分别为 29.7%（［+23.1，+36.9]%）和 34.2%（［+23.5，+39.2]%）。洪水变率超过 1.75σ 的地区占比分别为 7.2%（［+5.2，+10.3]%）和 9.4%（［+5.7，+12.5]%）。其中，南亚受洪水变率影响的陆地面积和人口增长最快（例如，1.25σ、1.5σ、1.75σ 时的区域暴露度分别增加了 17.3%/℃、12.9%/℃ 和 8.9%/℃），其次是东亚（分别为 11.9%/℃、8.3%/℃ 和 4.4%/℃）。虽然这些 SSPs 下的人口暴露度增长率没有明显差异，但东亚和南亚的 GDP 增长（例如，受洪水变率影响的 GDP 暴露度大于 1.25σ 的区域占比由 2000 年的 12.7%/℃ 增加到 2025 年的 20.1%/℃）使得整个 FARs 的变化率明显增加（2000 年为 1.6%/℃，2025 年为 7.2%/℃）。

　　与量化洪水量级暴露度在不同温升水平下的差异性相似，本章进一步量化了洪水变率在温升 1.5℃ 和 2℃ 下的差异性（图 3-15）。除了欧洲和北美地区，FARs 的大部分区域相比温升 2℃，在温升 1.5℃ 时洪水变率的陆地面积、人口和 GDP 的暴露度均在减少。与洪水量级相似，在大部分 FARs 区域少升温 0.5℃，洪水变率的陆地面积、人口和 GDP 的暴露度减少的比例在高变率洪水中比低变率洪水更明显。在整个 FARs 中，预计所能避

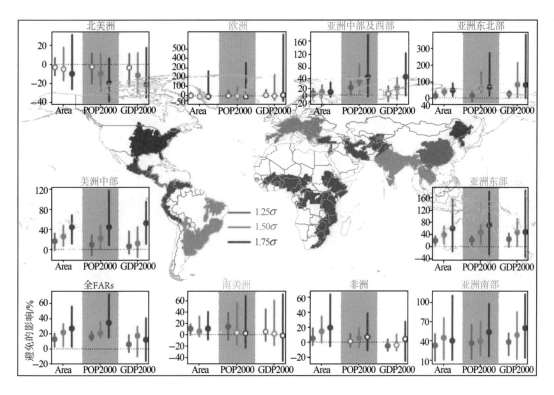

图 3-15　与变暖 2℃ 相比，变暖 1.5℃ 所能避免的受洪水变率影响的陆地面积、
人口和 GDP 暴露度，超过了 1.25σ、1.5σ 和 1.75σ 的基线标准偏差
（即 1971—2000 年）（图例与图 3-13 一致）

免的超过 1.75σ 的洪水变率的陆地面积暴露度为 27.1%（［＋2.8，＋56.3］%），人口暴露度为 34.7%（［＋15.2，＋72.6］%），GDP 暴露度为 12.0%［－16.1，＋40.5］%。避免的影响大于或接近整个 FAR 百分比的区域主要集中在亚洲（即东北亚、东亚、南亚、中亚和西亚），其次是中美洲。如前所述，本章采用的模型框架并未考虑人类活动造成的洪水暴露度变化对洪水量级和变率的影响。因此，全球范围内的人口和 GDP 暴露度可能被高估。

3.5　本章小结

尽管洪水模拟和研究方法有局限性，但研究结果仍然表明极端洪水对全球变暖更加敏感，并且少升温 0.5℃ 可以显著减轻其暴露度。同样的，洪水变率越大，所能避免的影响也越大。因此研究应更加关注整个 FARs 中持续增加的暴露度问题。如果温升从 1.5℃ 上升到 2℃，东亚和南亚将遭受严重的影响。中国和印度是这两个地区的主要国家，拥有超过 27 亿人口，GDP 总量达 14.9 万亿美元，这两个国家人口和 GDP 的快速增长将极大地扩大极端洪水对社会经济的影响，甚至改变整个 FARs 中暴露度的情况。极端洪水对东亚和南亚造成的潜在且巨大的经济损失，将通过全球贸易网络对北美和欧洲的社会和经济产生间接的强烈影响[78]。

上述结果在很大程度上取决于 ISIMIP 重现观测到的洪水的能力。尽管通过不同的 GCMs 和 GHMs 的组合并使用相对变化可以最小化不确定性和偏差的影响，但是在某些区域可能仍存在明显的偏差。这些偏差主要来自 GCMs 和 GHMs 的不确定性、预估情景不确定性和内部变率[121]。尽管在将 GCMs 的输出作为 GHMs 的输入之前已对其进行了偏差校正，但这种偏差校正可能会改变气候变化信号并引入新的不确定性[122]。Dankers 等[96] 量化了 GCMs 和 GHMs 方差在 ISIMIP 洪水模拟不确定性中占主导地位的区域，发现在热带地区不确定性主要是由 GCMs 引起的，而除热带地区外，由 GHMs 引起的不确定性要比 GCMs 大。Li 等[94] 也指出，中国洪水的不确定性也是由 GCMs 占主导地位的。Giuntoli 等[121] 进一步评估了 ISIMIP 中美国径流的不确定性，并指出最大的不确定性来自 GCMs 和 GHMs，其次是内部变率和预估情景。

30 年洪峰序列用于估算 10 年、20 年和 50 年一遇的洪水相对较短。Schulz 和 Bern-hardt[123] 指出，估算 n 年一遇洪水需要更长的洪峰时间序列。他们使用 186 年洪峰记录中的 30 年移动窗口来检验估计的 100 年一遇洪灾的不确定性，并指出百年一遇的洪灾表现出剧烈的波动。即使使用 120 年或 300 年时间长度的洪水序列也很难准确估计百年一遇的洪水[123]。另外，长时间洪水序列观测值一般难以获得。然而，在评估气候变化对洪水的影响时，洪水序列的 30 年窗口被广泛用于估算 n 年一遇洪水[94,96-97,114-115]。在这些已有研究中，基准期（例如 1971—2000 年）代表当前状况，而预测期则代表未来状况（即 2071—2100 年）。尽管模拟的洪水峰值可能具有显著趋势，但仍广泛采用平稳广义极值分布以根据基准期和预测期来估算给定的重现期。首先，洪水序列没有明显的趋势、变异和周期性变化被定义为一致性序列[124]。即使在 30 年的洪峰中发现了趋势变化，仍无法确定它是否具有非一致性，因为这些趋势变化可能是较长时期的正常波动[125]。其次，水文学家对非一致性模型是否优于一致性模型仍有争议[126-128]。Milly 等[126]认为一致性已经不存在了，而 Montanari 和 Koutsoyiannis[127]坚持认为一致性一直存在。Luke 等[128]在美国测试了 1250 个站点年最大流量记录，并给出了支持一致性论点的证据。最后，考虑到非平稳模型更复杂，其估计的 n 年一遇洪水是随时间变化的，并且比平稳模型估计具有更大的不确定性[128]。与已有研究相同，本章节选择了平稳广义极值模型来估算 1971—2100 年间 30 年洪水序列的 n 年一遇洪水。

研究的另一个局限是，GHMs 不考虑由于气候和水文条件变化而引起的植被变化。植被分布的变化对洪水也有相当大的影响，特别是在洪水发生过程中[129-131]。但是，由于对植被动力学和水文变量（例如降水、气温和蒸散量）之间的相互作用和反馈还没有完全厘清，因此这些影响的大小和方向在以前的研究中存在很大争议[132]。Gedney 等[132]将全球河流径流量的增加归因于大气 CO_2 浓度升高时植物气孔的"抗蒸腾"效应。但 Piao 等[133]否认了这一结论，并把全球径流增加归因于气候变化。为了进一步解决这一矛盾，大量研究深入探讨了大气 CO_2 浓度升高时降水、气温和蒸散量对植被动态的响应[94,134-139]。模型模拟表明，随着全球 CO_2 浓度升高，植被的生理效应提高了日最高温度[137]。随着 CO_2 浓度的升高，生理强迫导致植物气孔导度降低从而导致蒸散量减少[135]，而植被变绿通过增加的蒸腾作用增强了蒸散量[140]。植被动力学引起的蒸发蒸腾量的变化进一步影响了降水的变化，这种作用的强度因地区而异[135,140]。例如，Li 等[175]指出，植被变绿引起的降水增加可以在很大程度上抵消中国北方和东南部蒸散量的增加。植被动力学引起的径流变化是降水、蒸散和土壤储水共同影响的结果。因此，从全球的角度来看，在植被动态诱导的水流变化方向上并没有达成共识[134,139,141]。Fowler 等[139]指出，受 CO_2 作用驱动的植物生理作用将促进径流增加。而 Ukkola 等[134]表明，CO_2 对植被的影响会导致缺水气候下径流流量的减少。在本章中，由于植被动力学对径流的影响存在差异，对于未考虑植被动力学的洪水模拟是高估还是低估仍知之甚少。

考虑到全球河流网络、地形、土地利用和土地覆盖的复杂性，本章并未使用洪水淹没模型和破坏曲线来计算洪水暴露度[80]。在裸露的网格上直接覆盖的人口和 GDP 数据可能会高估洪水暴露度。此外，在不考虑已有的防洪标准的情况下计算洪水暴露度，这可能会高估某些地区（例如中国）的洪水暴露度[77]。但是，本章的研究目的不是准确评估未来变暖情况下的洪水暴露值，而是评估洪水暴露度的相对变化。用于评估洪水对人口和 GDP 的影响的方式已在先前研究中广泛使用[75-76,97]。本研究用较短的时间（即 30 年）来估算 50 年一遇的洪水，这将放大 50 年一遇洪水预估的不确定性，降低结果可靠性[123]。尽管如此，已有研究使用较短的洪水时间序列来估算洪水量级，例如百年一遇的洪水（例如 Jongman 等[76]、Hirabayashi 等[97]）。如何解决在当前相对较短的时期内准确地估算洪水重现期这一问题仍是一个巨大的挑战。

第 4 章 天然流域洪水水文气候特征及其对全球变暖的响应

4.1 概述

　　洪水是全球危害最严重的自然灾害之一，每年均导致大量人员伤亡及经济损失[142]。洪水是澳大利亚危害最为严重的自然灾害[143]，平均每年造成的经济损失超过 4 亿澳元[144]。近年来，澳大利亚频繁遭受极端洪水事件的影响。例如，2020 年，悉尼、蓝山山脉以及新南威尔士州发生极端洪水，经济损失达数百万美元。洪水对社会经济发展的不利影响，引发了学界对澳大利亚地区洪水的水文气候特征以及全球变暖响应的广泛关注。探究澳大利亚洪峰的分布特征，是当前水文水资源研究的热点。

　　澳大利亚洪水的气候特征反映了一系列天气系统影响下的混合水文响应。其中，热带气旋、澳大利亚季风以及温带系统是澳大利亚洪水气候特征的主导因素[145-147]。热带气旋是导致澳大利亚北部，尤其是西北部极端降水的主要因素。热带气旋引发了该地区 50% 以上的年最大降水事件[148]，而这些由热带气旋引起的极端降水事件，诱发了一系列洪水事件[149]。除热带气旋以外，季风环流在雨季时（通常为 12 月至次年 3 月）通过带来大量水汽，导致澳大利亚北部遭受极端降水[150-151]。澳大利亚季风时空演变也对澳大利亚北部的洪水变化具有强烈影响。例如，1989 年 3 月 12—15 日，受横穿澳大利亚的季风低气压影响，当地出现极端降水事件，并进一步诱发澳大利亚内陆的大面积洪水事件[152]。澳大利亚东部及南部的洪水通常与东海岸低压及温带气旋等温带系统相关[153-154]。Callaghan、Power[155] 通过对澳大利亚 253 次主要洪水进行研究，发现澳大利亚 57% 的洪水与东海岸低压相关。

　　除上文所述天气系统外，人类活动干扰，如人口增长、土地利用变化、水库管理调度等是导致澳大利亚洪水时空变化另一重要因素。由于水文气象因素与人类活动因素相互作用，准确检验洪水产生的混合机制仍是一大挑战[12,17,129-130]。为解决这一科学问题，本章选取澳大利亚观测时长超过 30 年的 780 个未受人为调节影响的流域观测数据，研究洪峰的混合分布。

　　洪峰的混合分布对极值分布函数的上尾特性具有强烈作用，并决定了洪水频率分析中罕见洪水事件发生预测的准确性，进而影响洪水风险评估的准确性[156-157]。先前已有诸多研究评估了广义极值分布的上尾特性[107,158-164]，这些研究尤为关注决定广义极值分布的上尾特征"厚度"的形状参数的估计。例如，Morrison、Smith[158] 发现，阿巴拉契亚山中部 28% 的流域的形状参数值小于 −0.5。此外，这些流域的洪峰分布均显示为 2 阶至无穷阶。然而，若选取评估上尾特性的流域洪水记录时未去除人类活动的影响，将会导致形状参数的估计值受人类活动干扰。基于此，本章选取澳大利亚未受人为调节的流域，研究洪水的混合分布及上尾特征,并阐述澳大利亚的洪水水文气候特征。

在全球变暖的背景下,未来澳大利亚洪水水文气象特征可能会发生变化。已有越来越多研究表明,气候变暖将导致区域及全球洪水增加[77,97,117]。现有全球研究大多关注洪水量级大、人口密集及经济发达的地区,如东亚、东南亚、印度半岛及北美洲。例如,Hirabayashi 等[97] 指出,在高排放情景(即 RCP8.5 情景)下,未来东南亚及印度半岛的洪水频率将会大幅度增加。虽然由此可获取未来澳大利亚洪水变化的一些实用信息(例如,澳大利亚东南部的墨累-达令流域,未来洪水导致的城市破坏预计将减少41%),但全球尺度的洪水研究无法被反映澳大利亚境内的洪水差异[77]。此外,目前针对澳大利亚洪水开展的研究仍较少,由此,本章选用跨部门影响模型比对项目(inter - sectoral impact model intercomparison project,ISI - MIP)中受 5 个全球气候模式(GCMs)驱动的 8 个水文模型(HMs)进行模拟,并基于高排放情景(即 RCP8.5),预测未来澳大利亚洪水的变化趋势。

综上,基于 780 个未受人为调节的流域数据及模型模拟数据,本章拟解决的问题有:①澳大利亚洪水的水文气候特征(即洪峰的分布特征)是怎样的;②全球变暖将如何影响洪水的水文气象特征?

4.2 数据

4.2.1 观测数据

Zhang 等[49] 整编了一套 1975—2012 年澳大利亚 780 个未受人类活动调节和干扰的流域数据集,数据集内包含流域的日径流量、日降水量、日潜在蒸发量,以及流域的相关信息与属性(例如,灌溉面积及集约土地利用的比例变化)。该数据集的径流数据以及水文站点相关信息主要由以下水文水务部门提供:ACTEW 有限公司与澳大利亚首都领地环境和可持续发展部,新南威尔士州水文与能源部,北领地州土地资源管理部,昆士兰州环境和资源管理部(DERM),南澳大利亚水、土地和生物多样性保护部,维多利亚州水资源数据库、维多利亚州可持续发展和环境部,及西澳大利亚政府水利部。使用 Priestley - Taylor 方程,通过输入 5km 网格的气候数据(包括日最高温、日最低温、日太阳辐射以及日水汽压),计算得到空间分布率为 5km 的日潜在蒸发数据。5km 网格的历史气候数据来源于 SILO(http://www.longpaddock.qld.gov.au/silo/)及 AWAP(http://www.bom.gov.au/climate/data/),其分辨率均为 0.05°(大约 5km)。两套数据集基于对 4000 个、6000 个气象站点使用普通克里金插值法获取[166],通过对两数据集使用 Barnes 逐次订正法,以减少与观测数据的误差,然而网格化降水与对应网格内的实测数据仍存在明显偏差,特别是在极端湿润或极端干旱的地区[167]。关于两个气候数据集以及实测数据的差异,不在本章的研究范围内。

通过以下 4 个标准,从澳大利亚 4000 多个流域中,优选 780 个流域:①流域面积大于 50km^2;②流域未受调节(即不受大坝或水库调度的影响);③流域不受人类活动干扰(即不受灌溉或土地利用变化影响);④流域水文记录至少包含 1975—2012 年 3652 个

日观测数据（相当于 10 年），且数据质量与国家标准一致。利用新安江模型、SIMHYD
模型及 AWRA 水文模型的模拟值，填补流域缺测数据[168-170]，并通过对比不同水文模型
的纳什系数，选取各个流域的最优模型。该数据集已广泛应用于水文模型验证及极值分析
的研究中[33,171-173]。

　　为满足研究需要，对 780 个流域进行遴选时，设定了以下标准：①缺测数据的百分比
小于 10％；②模拟值替代洪水事件的数量不超过 3 次。将模拟值替代洪水事件的数量限
制为 2（4）个时，所选流域的数量为 282（367）个。由于该数据集的时间序列长度仅有
37 年，因此这种将替代值次数限制在 3 次，以尽可能地选择更多的流域及减少缺失值的
影响。最终选取 348 个流域，其中，107 个流域的缺失值少于 2.5％，125 个流域的缺失
值介于 2.5％～5％（表 4-1）；此外，73 个流域利用模拟值替代的洪水次数为 0，121 个
流域利用模拟值替代洪水的次数为 1 次。Zhang 等[173]通过评估水文模型填补该数据集的
缺失值，发现当数据缺失率低于 10％时，利用水文模型进行填补对年流量趋势的影响可
控。优选的 348 个流域广泛分布于澳大利亚 6 个气候区（即赤道、热带、亚热带、温带、
草原、荒漠，图 4-1）[33]。各气候区流域属性的统计见表 4-2。

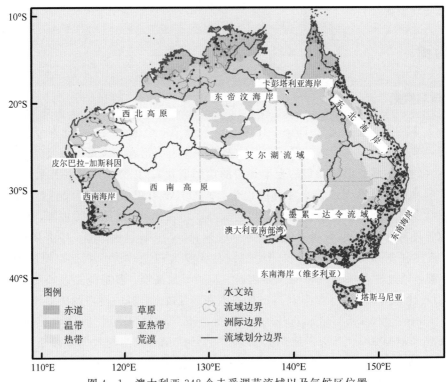

图 4-1　澳大利亚 348 个未受调节流域以及气候区位置

表 4-1　　　　　　　　　　　　由模拟值替代的洪水缺失值数量

缺失值比例/%	站点数量	由模拟值替代的洪水数量	站点数量
0～2.5	107	0	73
2.5～5	125	1	121

缺失值比例/%	站点数量	由模拟值替代的洪水数量	站点数量
5~7.5	75	2	88
7.5~10	41	3	66

表 4-2 各气候区流域属性统计

气候区	流域数量	平均面积 /km²	平均坡度	灌溉率 /%	集约土地 利用率 /%	森林覆盖 率/%	平均降水量 /mm	干旱指数
赤道	1	333	0.90	0.00	0.00	0.12	1608	1.26
热带	20	5308	3.71	0.62	0.39	0.39	1516	1.47
亚热带	45	1796	4.89	1.04	1.42	0.54	1162	1.65
温带	260	714	5.23	0.59	1.21	0.56	935	1.43
草原	17	11700	1.54	0.00	0.03	0.09	552	3.64
荒漠	5	26025	1.37	0.00	0.00	0.03	339	5.35

4.2.2 模型模拟数据

采用 ISI-MIP 中 5 个来源于国际耦合模式比较计划第五阶段（Coupled Model Inter-comparison Project Phase 5，CMIP5）下受到全球气候模式驱动的 8 个水文模型（即 40 个模拟组合）中的日径流量模拟数据，预测未来澳大利亚洪水频率（表 3-1 和表 3-2）[90]。在 ISI-MIP 中，全球气候模式的输出结果已通过保留趋势的偏差校正方法，统一为 0.5°×0.5°分辨率的网格，该方法能够调整概率分布值，减少与观测值的偏差[88]。偏差校正确保了全球气候模式输出的长期统计数据与水资源和全球变化项目（Water and Global Change，WATCH）中 1960—1999 年的实测径流数据一致[89-90]，并显著提高了对极端降水的模拟效果[174]。ISI-MIP 可用于评估全球气候变化对各方面因素的影响。在 ISI-MIP 中，水文模型基于历史及 RCP 的情景，模拟了不同因素的变化如径流量、土壤湿度等。ISI-MIP 广泛应用于评估全球变暖对水文（如洪水、干旱、水资源利用）、气象及农业等方面的响应[75,175-176]。

本章从 40 个水文模拟中，收集历史情景下 1971—2005 年的日径流模拟数据及 RCP8.5 情景下 2006—2100 年的日径流模拟数据。表 3-1 及表 3-2 分别为本章选取的 5 个全球气候模式与 8 个水文模型的具体信息同第 3 章（表 3-1 和表 3-2 通过参考 Li 等[175]、Giuntoli 等[121] 及 Gu 等[177]，以及少量修改得到）。

4.2.3 热带气旋数据

热带气旋通过引起极端降水，进而诱发澳大利亚北部地区发生洪水事件[148]。热带气旋数据来自国际气候管理最佳路径档案馆（International Best Track Archive for Climate Stewardship，IBTrACS)[178]。为从混合分布和上尾特性两方面评估登陆热带气旋对洪峰分布的影响，应建立洪水事件与特定热带气旋间的相关关系。受热带气旋影响的洪水事件需满足以下 2 个条件：①洪水事件的发生位置在热带气旋中心 500km 以内；②洪峰出现时间在热带气旋出现时间的前 2d/后 7d[160,179-180]。

4.3　方法

4.3.1　突变点分析及趋势检验

本章将年最大 1 日径流量作为洪水极值[5,181]。进行洪水频率评估，需满足"洪峰的时间序列平稳"这一重要假设[107]，即时间序列"无趋势、变异及周期性（循环性）"[124]。Pettitt 检验方法广泛应用于突变点检测研究[182-183]，本章采用 Pettitt 检验方法检测洪峰是否存在突变点；并采用修正的曼-肯德尔趋势检验法检验洪峰的变化趋势[184-186]。

4.3.2　圆形统计法

通过利用季节性替代不同的洪水产生机制（去除由热带气旋造成的洪峰），检验洪峰的混合分布。本章采用圆形统计法评估洪峰的季节性[148,187]。此方法与 Dhakal 等[187] 使用的方法相同，并在此基础上进行了一些修改。一年内某事件的发生日期（即本章中所指的以年度最大值采样的洪峰）在（1~365)/366 范围内，可以视为循环数据。循环数据可在具有单位半径的圆周上表示，每个角度在单位圆的圆周上定义一点：

$$\theta_i = D_i \frac{2\pi}{365} \tag{4-1}$$

式中：D 为洪峰发生的日期（例如，$D=1$ 即表示 1 月 1 日，而 $D=365/366$ 即表示 12 月 31 日）；θ 为洪峰发生日期转换而成的角度值。因此，可通过圆形统计法计算代表洪峰平均发生日期的方向：

$$\overline{\theta} = \tan^{-1} \left(\frac{\sum_{i=1}^{n} \sin\theta_i}{\sum_{i=1}^{n} \cos\theta_i} \right) \tag{4-2}$$

此处所指的"方向"[即式（4-2）中的 $\overline{\theta}$] 为洪水平均发生日期，通常用于衡量圆形数据中，洪峰发生平均日期的位置。然而，若洪峰在一年内分布较为平均，即缺乏季节性变化的情况下，洪水平均发生日期在评估洪峰的季节性可能会出现误差。洪峰的季节性强度可利用平均合成长度（MRL）量化：

$$MRL = \frac{\sqrt{\sum_{i=1}^{n} \sin(\theta_i)^2 + \sum_{i=1}^{n} \cos(\theta_i)^2}}{n} \tag{4-3}$$

其中，MRL 的范围为 $[0,1]$，MRL 的值越大，表示洪峰的季节性越强。例如，当 MRL 的值为 1 时，代表洪水事件皆集中发生于同一天。圆形统计的所有循环过程通过使用 R 语言中的"circular"包计算（https：//cran.r-project.org/web/packages/circular/index.html）。

4.3.3 广义极值分布

采用广义极值分布评估洪峰的上尾特征及未来的洪水频率。广义极值分布是累积分布函数中描述最大特征值的渐进分布，包括位置参数、尺度参数以及形状参数[107,158]；3 个参数值均使用 R 语言的"eva"包（https：//cran.r-project.org/web/packages/eva/index.html）中的最大似然估计法获取。其中，利用形状参数评估洪峰的上尾特征[188]。除评估上尾特征外，广义极值分布还可评估洪峰量级的重现期，即 5 年、10 年和 20 年洪水[123,183]。n 年一遇的洪水表明任意一年中，洪水有 $1/n$ 发生的机会。采用广义极值分布的方式分别对历史情景下 1976—2005 年及 RCP8.5 情景下 2070—2099 年各网格单元的模拟年最大日径流量进行拟合。而后通过各情景下每个网格单元中的拟合广义极值分布，对 5 年、10 年和 20 年一遇的洪水进行检测。

利用变异率（%）与模型一致性（%）描述洪水的水文气象特征的变化。变异率为未来时期（2070—2099 年）与历史时期（1976—2005 年）之间流域 n 年重现期与历史时期径流量差异的比率（即 $\dfrac{f_{rcp}-f_{hist}}{f_{hist}}$，其中，$f_{rcp}$ 为 RCP8.5 情景下 2070—2099 年的 n 年一遇洪水；f_{hist} 为历史时期的 n 年一遇洪水）。对每一网格单元，分别计算水文模型与全球气候模式组合的变异率，获取各网格单元的变异率[175]。对于各网格单元的变异率，首先按百分比进行划分（即 $0\sim40\%$、$40\%\sim50\%$、$50\%\sim60\%$、$60\%\sim70\%$、$70\%\sim100\%$），而后将各分类的总数除以试验网格总数，通过获取相应的实验类别中，具有变异性的数据比例，即为模型一致性[175]。

4.4 澳大利亚水文气象变化特征

首先，基于 Villarini 等[182]的基本框架及相关研究，检验洪峰分布是否服从平稳性假设。在检测洪峰的突变点及变化趋势前，预先检验数据是否具有自相关性（图 4-2）。结果表明，348 个站点中，90.3% 流域的洪峰没有滞后一年（即 lag_1）的自相关性。对剩余的 9.7% 具有 lag_1 自相关性的流域，先利用修正的曼-肯德尔检验法减少其自相关性，再检验洪峰的变化趋势，从而增强自相关的稳健性[186]。

而后，利用 Pettitt 突变检验验证洪峰是否存在突变点，结果表明，77% 流域的洪峰不存在突变点 [图 4-3（a）]。这是由于所选流域站点为天然流域，其洪峰受人类活动影响较小，而人类活动是导致洪峰出现突变点的主要原因[183,190]。含突变点的流域大多分布在澳大利亚东南部，突变点出现时间多为 1990—2000 年。此外，突变点出现后，大部分流域的洪峰平均值呈减少趋势。大部分流域洪峰在突变点出现前后未出现明显变化趋势，也无新的突变点出现 [百分比分别为 98.8%、100% 及 94%，图 4-3（b）~（d）]。

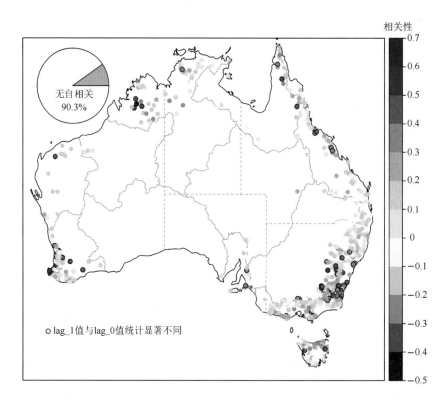

图 4 - 2　澳大利亚具有 lag_1 自相关性的年内洪峰空间分布

　　通过对比有无突变点流域的灌溉和集约土地利用比例，初步探讨了突变点与灌溉和集约土地利用的相关关系［图 4 - 4 (c)、(d)］。本章将土地集约利用分为 9 类：集约园艺，集约畜牧业，制造业，工业，住宅和农场基础设施，公共事业，运输和通信业，采矿业，废物处理和处置业。灌溉和土地集约利用均会改变流域水文条件，如土壤湿度、地下水位以及基流；而制造业、工业、农业及生活用水会导致河流下游流量减少，从而导致下游地区洪水减少。由图 4 - 4 (c) 可知，灌溉土地利用和有无突变点的流域之比为 0.81，差异并不显著，这表明灌溉不是洪峰产生突变点的影响因素。如图 4 - 4 (d) 所示，澳大利亚东南部，流域集约土地利用率较高，具有突变点流域的平均土地集约利用量是不含突变点流域的 2.15 倍。然而，由于流域内的土地集约利用比例很低（小于 1%），不能简单地将存在突变点的未受调节流域归因于集约土地利用率，只能说土地集约利用是导致澳大利亚南部洪峰突变的影响因素之一。澳大利亚东南部的突变点也可能与气候变化相关。具有突变点的流域在突变点出现后，降水减少，潜在蒸发增加［图 4 - 4 (a)、(b)］，气候长期处于干旱条件，进而导致土壤及水文干旱[191]。突变点主要出现在 1997—2009 年间，而此时澳大利亚东南部正经历着被称作"千年干旱期"的干旱事件[192]。与干旱事件前相比，千年干旱期（即 2001—2009 年）时，澳大利亚东南部的平均降水量减少了 13%，流量减少了约 45%[193]。这解释了澳大利亚东南部突变点出现之后洪峰下降的现象［图 4 -

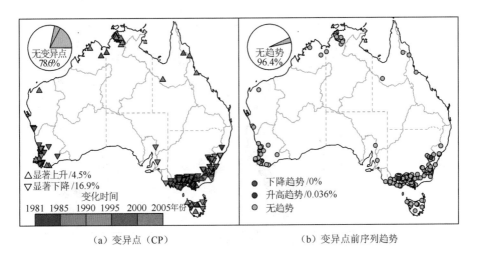

（a）变异点（CP）　　　　　　　　　（b）变异点前序列趋势

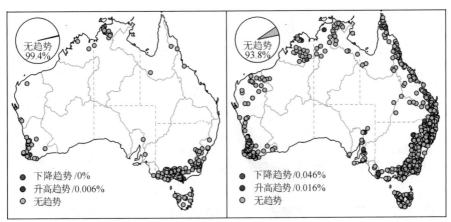

（c）变异点后序列趋势　　　　　　　　（d）无变异点序列趋势

图 4-3　1975—2012 年年洪峰突变点时空分布、突变点出现前/
后的时间序列变化趋势及无突变点的时间序列变化趋势

3（a）]。Yang 等[192]认为，由于千年干旱期时降雨-径流均为减少趋势，因此水文干旱比气象干旱持续的时间更长。

总体而言，348 个流域中，大约 72.4% 的流域（即 252 流域）洪峰的分布是稳定的。为与先前研究保持一致，本章还检验了澳大利亚平稳流域中洪峰的季节性及混合分布[148,160]。不同季节发生的洪峰可能表明洪水产生机制不同。基于此，进一步研究具有平稳性特征的水文站点（即在图 4-3 中无明确趋势或变异点的 252 个流域）的平均值及平均合成长度，以衡量洪峰的季节性。这两个指标分别反映洪峰在年内出现的时间及季节性强度大小，如图 4-5 所示。

结果表明，洪水平均发生日期及平均合成长度均具有显著的空间异质性。在赤道、热带及亚热带地区（即澳大利亚北部与东北部），受热带气旋及澳大利亚季风的影响[149,150,155]，洪水大多发生于暖季，洪水平均发生日期大多集中在 2—3 月 [图 4-5（a）]。

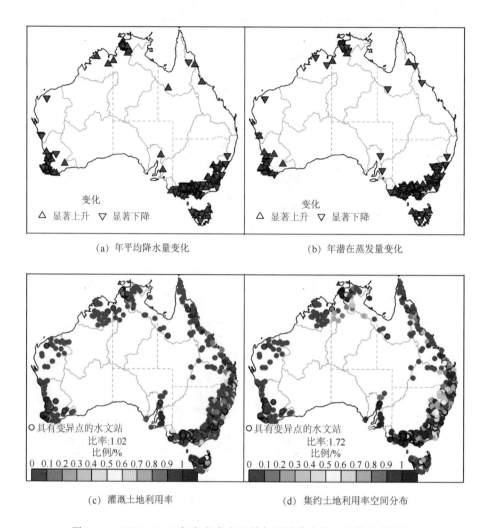

(a) 年平均降水量变化　　　　　　　　(b) 年潜在蒸发量变化

(c) 灌溉土地利用率　　　　　　　　(d) 集约土地利用率空间分布

图 4 - 4　1975—2012 年突变点发生前年平均降水量、年潜在蒸发量、
灌溉土地利用率及集约土地利用率空间分布变化

此外，由于 2—3 月时，该地区样本平均合成长度大于 0.9 [图 4 - 5 (b)]，说明绝大多数洪水均发生于此时，洪水具有强烈的季节性。在澳大利亚东南部，洪水的平均发生日期也集中在 2—3 月 [图 4 - 5 (a)]，然而，该地区的洪水季节性非常弱（样本平均合成长度小于 0.4）[图 4 - 5 (b)]，这是由于澳大利亚东南部主要受亚热带-温带温暖湿润的气候影响，温带风暴潮可以在年内的任意时期诱发洪水事件[153,194]。由于澳大利亚东南部及西南角为地中海气候，降水集中于冬季[195]，受冬/春季节温带系统影响，洪水多发生于该时期，且洪峰季节性较强（即洪水平均发生日期集中于 7—9 月；样本平均合成长度大于 0.7）。

　　洪水季节性分布的复杂性证实了不同洪水产生的混合机制，其中热带风暴、温带风暴及热带气旋发挥主导作用。因此，通过分别计算 12 月至次年 3 月（DJFM，与澳大利亚

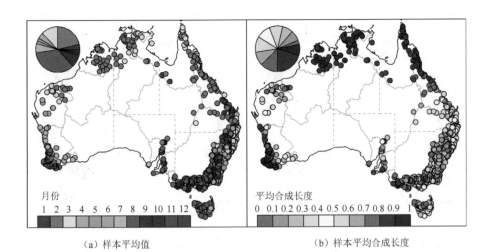

（a）样本平均值　　　　　　　　　　（b）样本平均合成长度

图 4-5　1975—2012 年间洪峰季节性的洪水平均发生日期（即季节性）
及样本平均合成长度（即季节性强度）的空间分布

季风相关的暖季）和 7—9 月（JAS，与冬/春季节副热带系统有关的冷季）发生的洪峰的
比例以及由热带气旋诱发的洪峰，进一步研究洪水的混合分布（图 4-6）。在计算
DJFM 或 JAS 时，剔除了由热带气旋诱发的洪水事件。结果表明，澳大利亚北部年内
50％以上的洪峰出现在 DJFM 期间［图 4-6（a）］，在此期间，出现洪峰的流域数量为
55 个，流域发生洪峰的平均百分比为 59.8％。澳大利亚季风为澳大利亚北部带来了大
量湿润水汽，引发暖季时（DJFM）的最大累积降水。而澳大利亚北部其余的洪峰则主
要受热带气旋影响，特别是 10 个洪峰最大值［图 4-6（c）、（d）］。随着热带气旋逐步
向陆地移动，由热带气旋引发的洪峰对所有洪峰的促进作用逐渐减少为 0，这与热带气
旋对极端降水的促进作用一致[148]。在冷季时，澳大利亚东南部及西南部 50％以上的洪
峰（即 78 个流域）由冬/春季节的温带系统控制，这 78 个流域的平均百分比为 69.9％，
如图 4-6（b）。

　　采用广义极值分布，检验稳定流域中洪峰的上尾特性及热带气旋对形状指数的影响。
通过柯尔莫哥洛夫-斯摩洛夫检验方法（Kolmogorov - Smirnov test；K - S 检验），统计
广义极值分布对洪峰的拟合度（图 4-7）。以显著性水平 0.05 为界（图 4-7 红线）获取
0.05 显著性水平下未达到显著 GEV 分布的水文站百分比（以红色数字标注），并于后续
分析中剔除不符合广义极值分布的 7.65％的流域。与先前的研究相似[158,196]，本研究也表
明，澳大利亚流域面积的对数值与位置、尺度及形状函数均具有显著的线性关系（图 4-
8），且参数随流域面积的对数函数线性增加（$p < 0.01$）。尺度参数随流域面积的增加而
增加，这表明，在面积较大的流域，其上尾趋于偏重。研究广义极值分布参数与流域面积
间的相关关系，有助于在区域洪水频率分析中，评估澳大利亚未受人为调节流域洪峰的重
现水平[168]。

　　此外，本章还研究了 4 个气候区（即图 4-1 所示的草原、热带、亚热带及温带地区）
年洪峰的重尾特征是否能够解释季节性洪峰的混合机制。年洪峰与季节洪峰的形状指数经

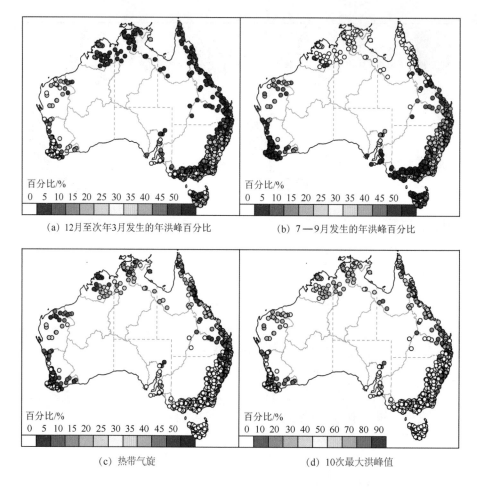

（a）12月至次年3月发生的年洪峰百分比　　　　　（b）7—9月发生的年洪峰百分比

（c）热带气旋　　　　　　　　　　　　　　（d）10次最大洪峰值

图 4-6　12 月至次年 3 月、7—9 月发生的、由热带气旋诱发的年洪峰百分比及由热带气旋导致最高的 10 次洪峰百分比的空间分布

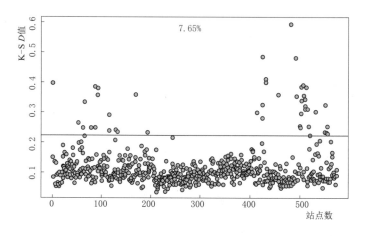

图 4-7　用于检验 GEV 分布优化拟合的 K-S D 值

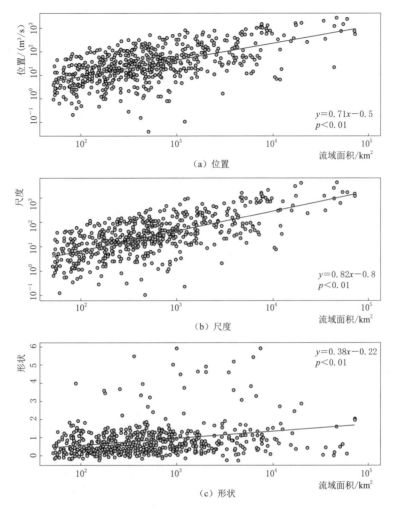

图 4-8 稳定水文站流域面积中的 GEV 分布参数
（即位置、尺度和形状）函数关系

验累积分布函数曲线如图 4-9 所示。结果表明，各区域年洪峰及季节洪峰的形状参数均大于 0。在冷季（4—6 月）时，洪峰重尾特征比年洪峰及其他季节的洪峰更显著。在热带地区，年内洪峰和暖季（1—3 月）洪峰的形状参数的累积分布函数曲线高度相似，表明暖季洪峰对广义极值分布的重尾特性有显著影响 [图 4-9（b）]。在温带地区，各季节洪峰的累积分布函数曲线相似，说明洪峰的概率特征受季节性洪水形成过程混合作用的影响较大 [图 4-9（d）]。

基于热带气旋在洪水形成过程中的重要作用，通过比较整个洪峰序列的形状参数及不是由热带气旋引起的洪水事件的洪峰序列的形状参数，获取热带气旋引起的洪峰变化的上尾特性（图 4-10）。去除热带气旋的影响后，形状参数降低，广义极值分布的上尾特性厚度减少，这一结果可能与澳大利亚超过 50% 的最大洪峰由沿海地区的热带气旋引起的结论相关（图 4-5）。

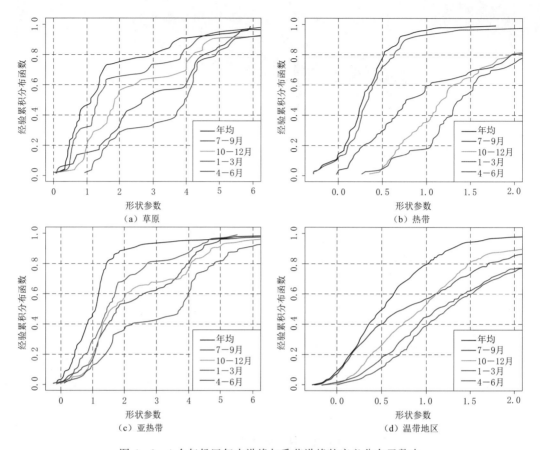

图 4-9　4 个气候区年内洪峰与季节洪峰的广义分布函数中
形状参数的经验累积分布函数（CDF）

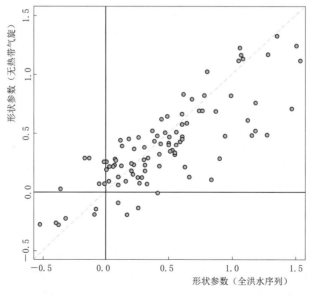

图 4-10　洪水序列与剔除由热带气旋诱发的洪峰的洪水序列的形状参数对比

4.5 ISI‑MIP 模拟效果检验

利用观测的洪峰、评估的广义极值参数值、n 年一遇洪水，以及洪水的季节性，对 ISI‑MIP 模拟进行精度检验。将 ISI‑MIP 导出的流域在网格出口的径流作为相应流域的流量值。首先，对于稳定的 252 个流域，利于基于 1976—2005 年的观测数据以及各个全球气候模式‑水文模型模拟数据，分别检验其 5 年一遇、10 年一遇以及 20 年一遇的洪水，如图 4‑11 所示。图 4‑11 中横坐标字母分别表示 5 个全球气候模式（GFDL‑ESM2M、HadGEM2‑ES、IPSL‑CM5A‑LR、MIROC‑ESM‑CHEM、NorESM1‑M）的 GCMs（表 3‑1）和观测值，箱线图的不同颜色为不同水文模型，图例为水文模型缩写（见表 3‑2）。大多数全球气候模式‑水文模型组合的模拟具有明显的误差。与澳大利亚观测值相比，H08、MATSIRO、PCR‑GLOBWB 及 WBM 模型在预测时，明显高估了 5 年一遇、10 年一遇以及 20 年一遇的洪水，而 Mac‑PDM 及 MPI‑HM 模型则普遍低估了洪水。由于 6 个水文模型具有明显的误差，因此在之后的分析中，剔除由这 6 个水文模型模拟的径流数据。相比上述模型，DBH 和 VIC 模型模拟 5 年一遇、10 年一遇以及 20 年一遇的洪水与观测值大体一致。因此，本章将对 5 个全球气候模式及上述两个水文模型（共 10 个组合）中进行模拟检验。

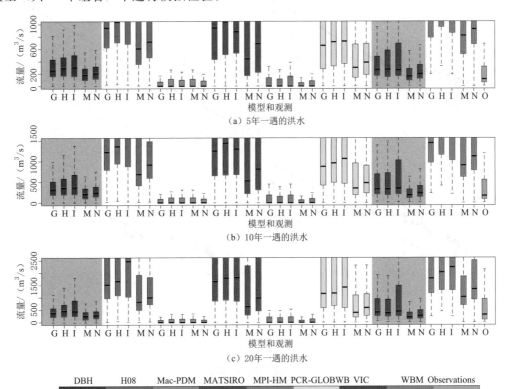

图 4‑11 1976—2005 年基于实测数据以及各全球气候模式‑水文模型组合的
流域 5 年一遇、10 年一遇及 20 年一遇洪水的模型数据

　　而后，通过对比流域面积最大的 5 个流域中，由 ISI-MIP 模拟的洪峰及历史观测水文观测数据，评估模型的模拟效果（图 4-12）。图 4-12 为 1976—2005 年模拟洪峰及实测洪峰的 Q-Q 图。由于模型模拟的空间分辨率（即 $0.5°\times0.5°$）约为 2500km^2，而研究所选 348 个流域仅有 41 个流域的流域面积大于 2500km^2，因此，选取澳大利亚北部 5 个流域作为例子研究，所选流域分布于不同的气候区 [图 4-12（a）]。由图 4-12（b）~（f）可知，在 10 个独立的全球气候模式-水文模型组合中，不确定性较大，洪峰高值尤为明显。基于此，本章计算了 10 个组合的多模型集合均值，并通过决定系数评估其模拟效果 [图4-12（b）~（f）中 R^2]。结果发现，多模型集合的决定系数在所选的 5 个流域

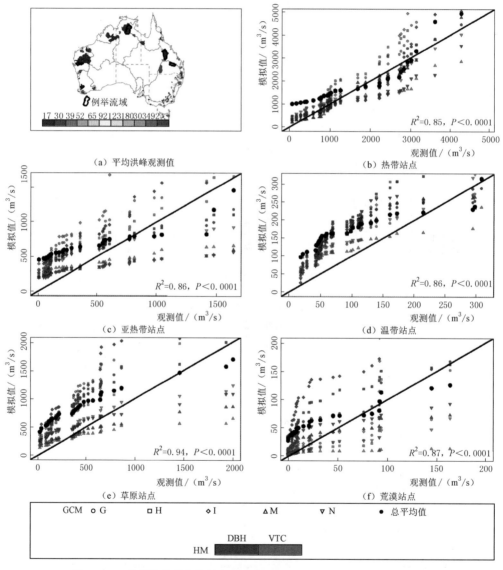

（a）平均洪峰观测值　　　　　（b）热带站点

（c）亚热带站点　　　　　（d）温带站点

（e）草原站点　　　　　（f）荒漠站点

图 4-12　观测洪峰平均值的空间分布以及 1976—2005 年 DBH 和 VIC
模型模拟数据与观测数据年最大日流量分位数图

中均大于0.9（即$R^2 > 0.85$，$p < 0.0001$），这说明全球气候模式-水文模型的多模型总体均值的模拟效果较好，与观测值误差较小。由于10个全球气候模式-水文模型组合，中和了过低估计值与过高估计值，这也可能导致多模型集合均值更接近于观测值。

此外，通过广义极值分布评估ISI‐MIP模拟效果。图4‐13展示了252个基于实测数据与多模型集合模拟数据的稳定流域中，广义极值分布位置参数、尺度参数及形状参数的空间分布。其中，图4‐13（a）、（b）、（d）、（e）、（g）、（h）分别为观测值和多模型集合模拟值的位置参数、尺度参数及形状参数的空间分布；图4‐13（c）、（f）、（i）分别为观测值和模拟值的位置、尺度和形状参数的散点图，红线为1：1线。图4‐13（c）、（f）和（i）中的"r"分别是位置、尺度和形状参数的观测值和模拟值的空间相关性。由图4‐13可得，ISI‐MIP模型框架可部分地获取广义极值分布参数的空间分布。利用1976—2005年的实测值评估广义极值分布的3个参数，发现所有参数在澳大利亚北部均为高值

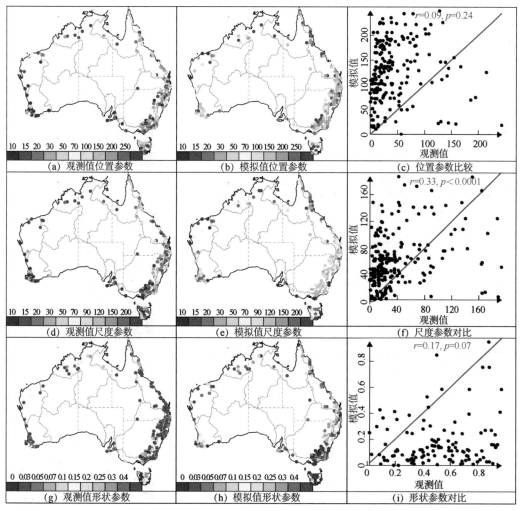

图4‐13 1976—2005年DBH与VIC模型多模型集合模拟数据与观测数据的
广义极值分布参数比较

而在澳大利亚南部均为低值。利用多模型集合的模拟值进行评估，结果表明模拟数据评估位置参数和形状参数的效果较差，如图 4-13（a）～（c）及图 4-13（g）～（i）。多模型集合模拟数据在大部分流域明显高估位置参数（观测与模拟值的空间相关性，$r=0.09$，$p=0.24$），而明显低估形状参数（$r=0.17$，$p=0.07$）；然而，与位置参数和形状参数相比，多模型集合模拟数据的尺度参数的值及其空间模式均与观测值较相近 [$r=0.33$，$p<0.001$；如图 4-13（d）～（f）]。利用全球气候模式-水文模型组合精确地模拟澳大利亚洪峰的概率分布函数参数，仍面临巨大挑战。

使用 ISI-MIP 模型框架下多模型集合均值，进一步评估广义极值分布的参数差异对 5 年一遇、10 年一遇及 20 年一遇的洪水预估的影响（图 4-14）。图 4-14（a）、（b）分别为观测值和多模型集合模拟值的 5 年一遇洪水的空间分布；（d）、（e）为 10 年一遇洪水，（g）、（h）为 20 年一遇洪水；（c）、（f）、（i）分别为观测值和模拟值 5 年一遇、10 年一遇及 20 年一遇的洪水预测的散点图，其中红线为 1:1 线；（c）、（f）和（i）中的"r"

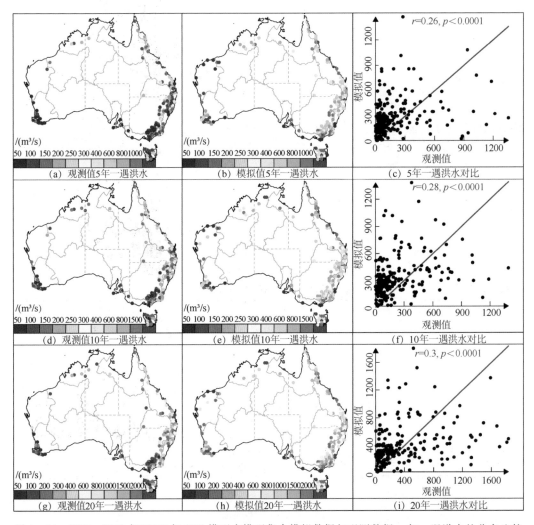

图 4-14　1976—2005 年 DBH 与 VIC 模型多模型集合模拟数据与观测数据 n 年一遇洪水的分布比较

分别是 5 年一遇、10 年一遇及 20 年一遇的洪水预测的观测值和模拟值的空间相关性。结果表明，利用多模型集合的模拟数据倾向于高估（低估）澳大利亚北部（南部）5 年一遇、10 年一遇及 20 年一遇的洪水。与多模型集合模拟的广义极值分布参数相比，所选 10 个组合的多模型总体平均值在一些流域中模拟 5 年一遇、10 年一遇及 20 年一遇的洪水量级的效果良好，其空间相关性分别为 0.26、0.28 和 0.3（所有 p 值均小于 0.0001），这表明多模型集合均值在模拟广义极值分布参数，对 n 年一遇洪水的预测的影响可控。然而，对于大多数流域，模型模拟数据高估了澳大利亚南部 5 年一遇、10 年一遇及 20 年一遇的洪水量级，低估了澳大利亚北部 5 年一遇、10 年一遇及 20 年一遇的洪水量级。

最终利用洪水平均发生日期和平均合成强度，评估模型模拟数据的洪水季节性（图4-15）。图 4-15 中，（a）和（b）分别为观测值和多模型集合模拟值的洪水平均发生日期及样本合成长度；（d）、（e）表示平均合成长度；（c）、（f）分别为洪水平均发生日期和样本合成长度的散点图，其中红线为 1:1 线；（c）、（f）中的 "r" 分别是观测值和模拟值的洪水平均发生日期与平均合成长度的空间相关性。结果显示，ISI-MIP 模型框架模拟洪水季节性效果优于洪水量级，观测值与多模型集合模拟值的洪水平均发生日期及平均合成长度的空间分布比较相似。此外，在大多数流域内，模拟洪水平均发生日期和季节性强度与 1:1 线一致，说明模拟值与实测值相近，且观测值和模拟值的洪水平均发生日期与平均合成长度的空间相关性分别为 0.74 和 0.57，说明全球气候模式-水文模型组合模拟洪水季节性的能力较强。

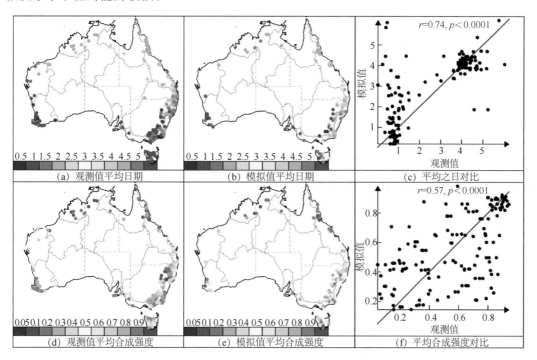

图 4-15　1976—2005 年 DBH 与 VIC 模型多模型集合模拟数据与观测数据洪水季节性比较

大量研究已基于全球各个流域的观测数据，评估 ISI-MIP 的模型模拟效果。例如，

Hirabayashi 等[97]选取全球 32 个流域，通过对比观测洪水数据与 MATSIRO 水文模型（本章使用的 8 个水文模型之一）模拟洪水数据，指出 17 个流域的误差小于 50％时，模型模拟的洪水值可接受。Li 等[175]通过对比中国 10 条主要河流的年最大流量的观测数据与模拟数据差异，表明 ISI－MIP 模拟适用于洪水建模。然而，上述研究不包括澳大利亚大部分地区，因为该地区环境较为干旱，不利于进行洪水模拟。ISI－MIP 提供了一个用于评估全球范围内气候变化的影响的框架，但对于区域范围内的径流变化，该框架可能无法准确描述。即使在对于大尺度流域的研究中，单个模型模拟及多模型集合模拟仍然具有不确定性[197-198]。模拟径流的不确定性主要来源于模型不确定性、响应不确定性以及偏差校正不确定性[121]。本章已通过保留趋势的偏差校正方法对 ISI－MIP 框架内的全球气候模式输出数据进行校正[88]。该偏差校正方法可以保留模拟数据的绝对或相对趋势以及全球气候模式输出的变暖信号。然而，Pierce 等[122]通过评估 4 个偏差校正方法，指出偏差校正方法会显著影响全球气候模式的平均气候变化信号；Maraun 等[199]进一步说明，偏差校正后，全球气候模式模拟的交叉验证具有误导性，且全球气候模式模拟的内部变化会影响交叉验证的结果。因此，对 ISI－MIP 使用保留趋势的偏差校正方法，可能无法有效地减少澳大利亚模拟径流的误差。

由于本章优选的流域中，80％的流域流域面积小于 2500km² （平均流域面积 559km²），因此，ISI－MIP 模型难以准确模拟澳大利亚较小流域的洪峰。流域面积越小，ISI－MIP 模型模拟网格准确匹配流域出口的难度越大。流域出口与模型网格不匹配，是造成观测与模拟广义分布模型参数值与洪水量级差异的原因之一。总的来说，ISI－MIP 选择的 10 个全球气候模式-水文模型组合在模拟洪水的空间分布、量级及季节性方面的模拟效果都可以接受（如图 4-13 及图 4-14 中的空间相关性）。为减少 ISI－MIP 模拟的洪水量级对结果的影响，本章仅关注变化环境下，洪水的相对变化以及变化信号，并运用模型一致性量化不同模型变化的稳健性。然而，对于上述检验中模拟性能较差的流域（例如，澳大利亚东南部的小流域）的洪水预测变化，需要更加谨慎，因为目前尚不清楚水文（大气）模型是否能够准确地模拟洪水现象。

4.6　水文气候特征对全球变暖的响应

基于 RCP8.5 情景，利用多模型模拟，预测澳大利亚未来的水文气候特征。基于1976—2005 年历史模拟数据，以及 RCP8.5 情景下 2070—2099 年的模拟数据，预测了 5年一遇、10 年一遇及 20 年一遇洪水的变异率与模型一致性，如图 4-16 所示，较浅（较暗）的颜色表示该类别的变化率及模型一致性较低（较高）。

在 RCP8.5 情景下，多模型集合均值具有模型一致性，澳大利亚北部（南部）5 年一遇洪水增加（减少），且 20 年一遇洪水频率增加区域远大于 5 年一遇洪水增加区域。大多数具有模型一致性的流域，其 5 年一遇洪水的增长率超过 50％，10 年、20 年一遇洪水亦然[177]。Hirabayashi 等[97]预计，相比 20 世纪，21 世纪澳大利亚北部 100 年一遇的洪水将会增加。在澳大利亚南部，大部分流域具有模型一致性，且在 RCP8.5 情景下，2070—2099 年洪水变异率的范围均为－10％～10％。此外，未来澳大利亚东南部洪水频率明显

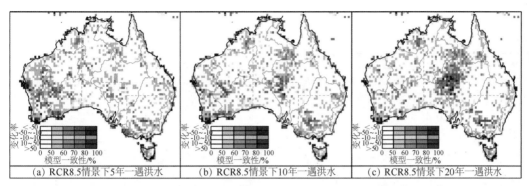

图 4-16　基于多模型集合（DBH 模型与 VIC 模型），相对 1976—2005 年下、
2070—2099 年洪水的变异率（%）及模型一致性（%）的平均值

减少，2070—2099 年模型的洪水变异率为-50%～10%（图 4-16）。这与 2070—2099 年
95%置信区间下，未来日径流量呈减少趋势的结论一致[75]。此外，预计该地区 2080 年
时，洪水造成的城市破坏现象将会减少[77]。

使用单个模型进行模拟往往存在较大的不确定性（图 4-12），因此需仔细甄选全球
气候模式与水文模型组成的 10 种水文组合中洪水预测变化的模型一致性。同一地区，使
用的水文组合不同，预测的结果也不同，且在不同地区，模型一致性具有显著差异（图
4-16）。与澳大利亚南部相比，澳大利亚北部的模型一致性较高（60%～100%）。在澳大
利亚北部，多模型模拟的洪水变异率的模型一致性较高，这可能与较大的流域面积和洪水
量级有关，因为流域面积较大、洪水量级较高的地区，水文条件往往可以得到更好的监测
[图 4-12（a）]。此外，与发生在小流域的量级较小的洪水相比，发生在大河流域的量级
较大的洪水对模型偏差或误差的敏感性较弱。水文模型是在空间分辨率较低的全球气候模
式输出驱动下的大尺度地表模型（表 4-3 及表 4-4），因此澳大利亚南部径流量相对较小
的小型流域具有更大的不确定性[175]。

4.7　ISI–MIP 模型框架模拟洪峰的不确定性

通过评估 40 个水文组合模型输出结果的模型一致性（图 4-17），并比较各网格单元
单个全球气候模式和 8 个水文模型组合的输出与单个水文模型和 5 个全球气候模式组合的
输出差异，探究模型预测的不确定性主要来源于全球气候模式还是水文模型（图 4-20），
若方差比例大于（小于）1，则代表不确定性由全球气候模式（水文模型）主导，该评估
方法与 Li 等[175]以及 Dankers 等[96]所使用方法一致。

以 10 年一遇洪水的变率为例，虽然不同模型模拟的具体数值完全不同，但与同一个
水文模型与不同的全球气候模式的组合相比，同一个全球气候模式与不同的水文模型组合
的变率的空间分布具有相对较高的一致性（图 4-17）。该结果在 5 年及 20 年一遇洪水中
相似（图 4-18 和图 4-19）。这表明，与水文模型相比，全球气候模式的输出差异对模型
模拟具有更显著的影响。

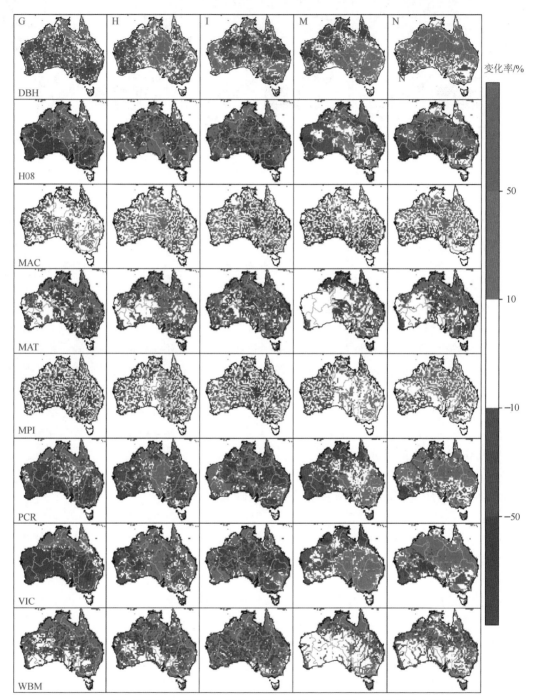

图 4-17　RCP8.5 情景下，相对 1976—2005 年，2070—2099 年 5 个偏差
校正的全球气候模式及 8 个水文模型对 10 年一遇洪水的模拟变异率

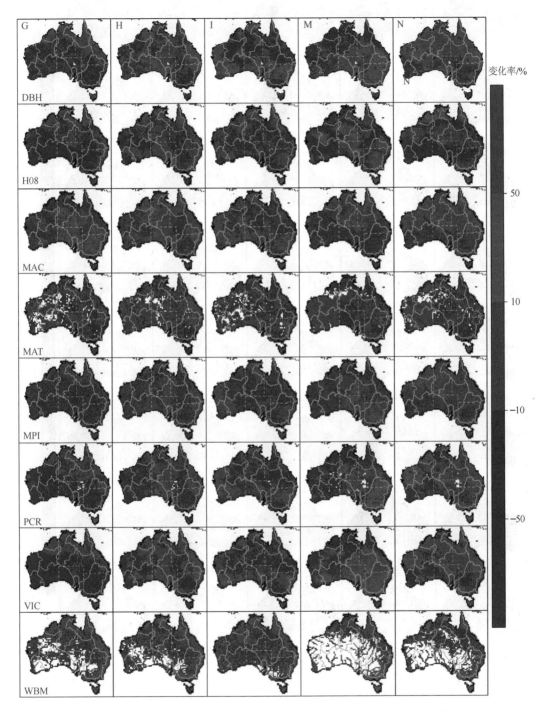

图 4-18 RCP8.5 情景下，相对 1976—2005 年，2070—2099 年 5 个偏差
校正的全球气候模式及 8 个水文模型对 20 年一遇洪水的模拟变异率

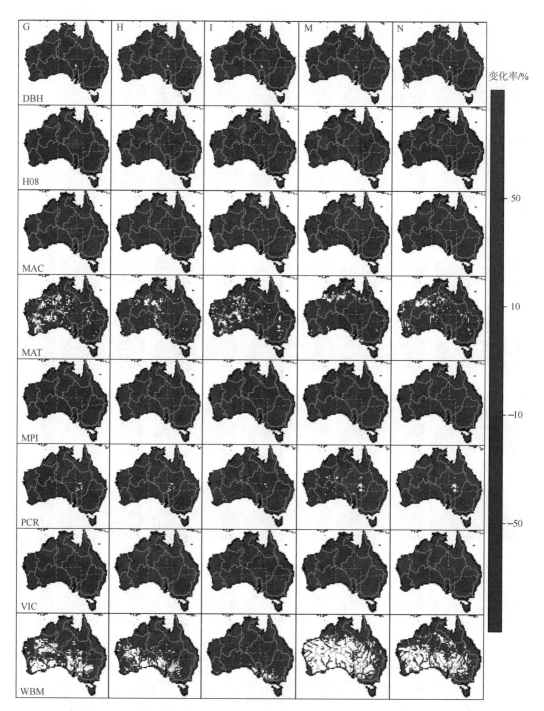

图 4-19　RCP8.5 情景下，相对 1976—2005 年，2070—2099 年 5 个偏差
校正的全球气候模式及 8 个水文模型对 5 年一遇洪水的模拟变异率

　　如图 4-20 所示，在 RCP8.5 情景下，通过利用 5 年一遇、10 年一遇及 20 年一遇洪水的平均全球气候模式方差与平均水文模型方差的比例，定量评估全球气候模式与水文模

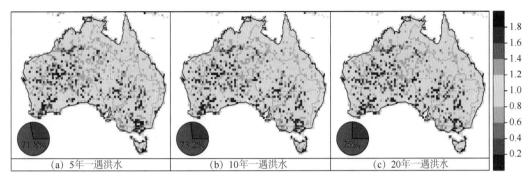

图 4-20 RCP8.5 情景下，5 年一遇、10 年一遇及 20 年一遇洪水的
平均全球气候模式方差与平均水文模型方差比例

型中模型不确定性的相对贡献率［若方差比例大于（小于）1，则代表不确定性主要来源于全球气候模式（水文模型）］，结果表明 70% 的流域 5 年一遇、10 年一遇、20 年一遇及洪水方差比率大于 1，即模型不确定性主要来源于全球气候模式。Teng 等[200]采用 5 个降雨-径流模型及 15 个全球气候模式对澳大利亚东南部径流进行模拟，指出全球气候模式的不确定性远大于降雨-径流模型。自然变化、不确定性响应以及情景不确定性是全球气候模式预测未来气候变化时，不确定性的主要影响因素[201]。Deser 等[202]指出，自然变化对全球气候模式的不确定性具有显著影响；Hawkins 等[201]也认为，在全球大部分区域，全球气候模式预测 40%～60% 的不确定性可归因于自然变化。大尺度大气环流的不确定性，是气候变化预测不确定性的主导因素。

4.8 全球气候模式模拟热带气旋能力

在 19 世纪 70 年代，首次尝试利用低分辨率全球气候模式模拟热带气旋，这些全球气候模式可用于重建热带气旋结构，例如观测热带气旋的时空分布[203-204]。由于全球气候模式分辨率较低且积云对流和辐射过程参数化不足，模拟热带气旋的强度较弱，且模型偏差较大[205]。随着计算机技术不断发展，海-气耦合全球气候模式不断完善，目前，最新的 CMIP5 模型集合中包含了具有更高水平分辨率、更完善的表层通量分辨率以及热带气旋有关参数的参数化的气候模型。Camargo[206]通过分析 CMIP5 中 14 个全球气候模式的热带气旋活动，发现历史时期内的全球模拟热带气旋与实测热带气旋具有对比性。Caron 等[207]表明，利用 CMIP5 模型，能够预测多年大西洋飓风活动。尽管 CMIP5 包含的模型已得到改进，但目前已有模型的空间分辨率仍然不足以精确地获取热带气旋活动。在 CMIP5 模型模拟中，热带气旋强度、频率和轨道仍存在较大偏差（如 Camargo[206]、Tory 等[208]），而低分辨率正是造成这种偏差的原因之一。为解决分辨率低这一问题，部分研究利用区域气候模型将 CMIP5 模型降尺度为高分辨率模型[209]。Knutson 等[210]使用区域气候模型重现 20 世纪后期北大西洋的热带气旋活动。由于 CMIP5 模型中还包含对流模式的作用，仅提高分辨率并不能有效提高热带气旋模拟精度。Camargo 等[205]已深入讨论全球气候模式下热带气旋的模拟预测，以及限制全球气候模式模拟热带气旋能力的因素。但是，历史时期和 RCP8.5 情景下全球气候模式的输出（例如降水和温度）是包括热带气旋在内的多因子相互作用的结果。许多关于未来洪水变化的研究利用受全球气候模式的输出驱动的聚集性水文模型研究受热带气旋严重影响的地区的洪水变化[78,175,211]。

4.9　本章小结

本章通过优选 1975—2012 年澳大利亚 348 个未受人类活动调节的流域的年最大洪峰，检验洪水的水文气象特征及其对全球变暖的响应。此外，通过分析和评估 ISI-MIP 中 5 个全球气候模式驱动下，由 8 个水文模型输出的日径流量数据（全球气候模式与水文模型共有 40 个模型情景），预测未来洪水相比起历史时期（即 2070—2099 年相对于 1976—2005 年）的潜在变化。本章主要结论如下：

（1）选取的 348 个流域中，绝大部分流域的洪峰无显著变化趋势。23% 的流域具有突变点，含突变点的流域多位于澳大利亚东南部，突变点可能与人类活动影响（如土地集约利用）以及"千年干旱期"相关。

（2）澳大利亚洪水的季节性因地而异，不同地区的洪水产生机制不同。澳大利亚北部及西北部的洪水事件，具有强烈的季节性，大多在暖季（2—3 月），其洪水事件的形成主要受热带气旋及季风控制。相反，在澳大利亚东南角和西南角，洪水事件多受冬季/春季温带系统影响，平均洪水季节性多发生于冷季（7—9 月）。而在澳大利亚东南部，由于在一年内任意时期发生的热带及温带风暴都可能导致洪水事件发生，因此洪水事件季节性微弱。

（3）洪水季节性分布的复杂性证明了不同洪水产生机制的混合。其中，在澳大利亚北部，热带气旋对洪峰的混合起重要作用，且由热带气旋诱发的洪水具有较大的空间异质性。

（4）采用广义极值分布的形状参数检验洪峰分布的上尾特性。结果表明，形状参数随流域面积的对数函数线性增加，且 p 值小于 0.01，说明区域洪水频率分析可用于评估澳大利亚未受调节流域洪峰的重现水平。绝大多数流域的洪峰分布受不同洪水产生机制及热带气旋的影响，呈重尾特征。热带气旋活动会导致形状参数值下降，广义极值分布中，上尾特征的"厚度"减小。

（5）与历史时期相比，选取的 10 个全球气候模式-水文模型（即 DBH 模型和 VIC 模型）集合预测，在 RCP8.5 情景下（即 2070—2099 年），澳大利亚北部（南部）洪水频率将会增加（减少），特别是重现期较长的洪水。这一结果说明，在未来气温趋于变暖的情况下，澳大利亚北部可能面临更为严峻的洪水灾害挑战。由于 GCM-HM 组合模拟存在较大的不确定性和偏差，因此，未来预测洪水变化时，应通过高分辨率水文模型中区域的参数化进一步验证。此外，利用 ISI-MIP 建模框架模拟澳大利亚洪峰的结果的不确定性通常在单个模拟中出现，且不确定性主要来源于全球气候模式。

第5章　不同时间尺度洪水聚集性特征及其对大气环流的响应

5.1　概述

近年来，极端降水、风暴潮及洪水等极端事件及其时间聚集性对社会、经济和生态方面造成了严重的影响与破坏，引起了学界的广泛关注[16,212-219]。此外，灾害事件的聚集性通过影响保险费及水土保持规划，对保险业的发展也有一定影响[215]。洪水的聚集性即为洪水在较短的时间尺度内集中发生的现象，对洪水的评估、设计以及风险管理等方面均有重要影响[15-16]。洪水的聚集性可能造成洪水序列的相关性及独立性假设失效[16]，分位数估计的不确定性增加[125]，从而导致洪水设计出现偏差。洪水聚集性对洪水评估的影响主要取决于振荡周期及时间序列长度[16]，若振荡周期明显短于序列长度，则可忽略不计；反之则反[220]。因此，有必要在不同时间尺度上评估洪水聚集性特征。

近期已有许多研究评估了不同地区的洪水时间聚集性，并指出洪水的聚集性强度具有空间分布差异[16,212,214,217]。然而，相关研究主要集中在北半球，且鲜有评估不同时间尺度和不同量级水平的洪水聚集性研究（表5-1）[16]。此外，大多数研究仅关注洪水聚集性的存在性问题[129,212,214,217]，而未对不同时间尺度的洪水聚集性（即洪水富集期/贫乏期）进行定量评估。Hall等[221]强调，未来的研究应更多关注于识别洪水富集期/贫乏期而不仅是评估洪水变化趋势。洪水频率主要受降水和前期土壤湿度条件影响[222]，在短时间内洪水频繁发生（即洪水富集期）会造成严重的经济和社会损失。例如，受2010年初强拉尼娜事件的影响[25-26]，昆士兰州于2010—2011年遭遇数次洪水灾害，基础设施损失达20亿澳元，并造成35人死亡[27]。长期缺少洪水（即洪水贫乏期）也可能诱发严重的环境问题。例如，由于墨累河下游地区10年未发生洪水，2004年时，当地大量树木出现健康问题，大规模的平原和湿地受到威胁[223]。该时期是澳大利亚最严重的干旱期之一（被称为"千年干旱期"），千年干旱期对全球水循环和碳循环产生了显著影响[25,224]。基于此，有必要研究澳大利亚地区的洪水聚集性。本章基于一系列方法，构建洪水聚集性的综合评估框架，从而探究不同时间尺度上澳大利亚是否/何时出现洪水聚集性的问题。

表5-1　　　　　　　　　　不同时间尺度洪水变化聚集性研究进展总结

地区	研究	国家	河流/流域	POT阈值	时间尺度	方法	主要结果*
欧洲	Mediero等[214]	25个国家	103条河流	平均每年3次洪水	季节；年内尺度	逐月频率计算法；离散度指数	①NA；②在欧洲5个区域发现不同的洪水富集月份；③在大西洋与欧洲大陆区域发现洪水年际聚集性；④NA；⑤NA；⑥NA

续表

地区	研究	国家	河流/流域	POT 阈值	时间尺度	方法	主要结果 *
	Merz 等[16]	德国	68 个流域	平均一年 1 次或 3 次洪水及平均 3～5 年一次洪水	年内尺度；年际尺度	离散度指数；核估计	①NA；②NA；③大部分站点洪水表现出显著聚集性；④德国洪水可区分洪水富集期与洪水贫乏期；⑤洪水阈值与时间尺度越小，洪水聚集显著性越强；⑥假设流域形态是造成洪水聚集性的主要原因
亚洲	Gu 等[212]	中国	塔里木河	不同水文站平均每年 2.4～3 次洪水	年际尺度；季节尺度；年内尺度	COX 回归模型；逐月频率计算法；离散度指数	①NAO 与 AO 是造成洪水年内聚集性的关键因素；②洪水富集月份主要在 6—8 月；③所研究的 8 个水文站中有 3 个水文站中发现洪水年际聚集性；④NA；⑤NA；⑥NA
	Liu 等[129]	中国	鄱阳湖流域	不同水文站平均每年 2.4～3 次洪水	年内尺度；年际尺度	逐月频率计算法；离散度指数	①NA；②洪水聚集性主要发生在 5—7 月；③NA；④在饶河发现显著的年际洪水聚集性；⑤NA；⑥NA
北美洲	Villarini 等[217]	美国	爱荷华州 41 个流域	平均一年 2 次洪水	年内尺度	COX 回归模型	①洪水发生受 NAO 与 PNA 影响，洪水发生对气候因子的依赖性表明存在洪水聚集性；②NA；③NA；④NA；⑤NA；⑥NA
	Villarini[13]	美国	美国 755 个流域	爱荷华州年最大洪峰流量	季节尺度	圆形统计	①NA；②美国洪水季节性极强，且不同地区强度不同，城市化与人为影响对洪水的季节性有减弱作用；③NA；④NA；⑤NA；⑥NA
大洋洲	本章	澳大利亚	澳大利亚 413 个未受调节流域	平均一年 0.5 次、1 次、2 次、3 次洪水	年内尺度；季节尺度；年际尺度；多年尺度	COX 回归模型；逐月频率计算法；离散度指数；核估计	①ENSO 与 SAM 是影响年内尺度上洪水聚集性的主导因素；②在澳大利亚北部，洪水发生时间集中在 1—3 月，而在澳大利亚东南部与西南部主要集中在 7—9 月；③澳大利亚东南部检测到显著的年际洪水聚集性；④澳大利亚大部分地区在 2001—2006 年期间为洪水贫乏期；⑤洪水集聚性强度随洪水量级及时间尺度的增加而减弱；⑥大气环流变化导致洪水年内、年际集聚性特征，并随时间性变化

* 在"主要结果"一列中，分六个模块总结了已有研究的主要结论及本章的主要结果：①研究与气候因子相关的年内洪水聚集性；②确定一年内洪水发生聚集性的时间；③评估年际洪水聚集性；④识别洪水富集期及洪水贫乏期；⑤检验洪水量级或时间尺度影响下，年际洪水聚集性的强度变化；⑥探讨发生洪水聚集性的原因。其中，表中的①和②分别对应于正文中研究目标（1）；③和④对应于正文中研究目标（2）；⑤和⑥分别对应于正文中的目标（3）和目标（4）。若已有研究未涉及以上模块的内容，则使用 NA 表示。

Smith 等[225]建立的 COX 回归模型，可用于识别洪水发生率的年内变化是否取决于协变量过程，继而确认年内洪水聚集性是否存在。Villarini 等[218]使用 COX 回归模型研究爱荷华州的洪水聚集性，发现洪水发生受气候因子的影响而非独立存在，说明洪水发生可能具有聚集性。澳大利亚气候系统主要受与太平洋和印度洋相关的气候因子如厄尔尼诺-南方涛动（El Niño - Southern Oscillation；ENSO）、印度洋偶极子（Indian Ocean Dipole；IOD）、太平洋年代际振荡（Inter - decadal Pacific Oscillation；IPO）及南极涛动（Southern Annular Mode；SAM）的影响[226-228]。Johnson 等[27]通过总结近期澳大利亚洪水的相关研究，指出全球气候因子（如 ENSO、SAM 与 IPO）在年内和年际尺度对澳大利亚洪水量级和频率具有重要影响。Cai 等[229]也强调，IOD 对澳大利亚气候变化具有重要作用。然而，探讨气候因子对洪水发生时间影响的研究尚少。Mallakpour 等[63]通过研究美国中部地区季节性洪水频率与气候因子的关系，认为未来研究应着重于从次季节尺度解释一年内洪水事件的发生形式；并进一步指出，可通过利用 COX 回归模型评估洪水的时间聚集性，以解决这一问题。本章以气候因子为协变量，采用 COX 回归模型研究洪水在一年内是否存在聚集性现象。为进一步评估一年内洪水聚集性发生的时间，使用表征洪水季节性特征的逐月频率法确定季节性洪水的富集/贫乏月[214]，这对洪水管理至关重要[212]。

离散度指数即评估均匀泊松分布偏差的指数，常用于评估热带气旋的聚集性；通过离散度指数也可识别洪水的年际聚集性[215]。因此，本章选取 1 年、2 年、3 年、4 年的时间窗口，检验不同年际尺度的洪水聚集性变化。已有众多研究通过使用离散度指数检验洪水聚集性是否存在[212,214-216]，但目前尚未有研究尝试识别洪水聚集性发生的具体时间。本章使用核密度估计分析平滑洪水时间序列，从而在年际尺度确认洪水富集期及洪水贫乏期。

本章在年内和年际尺度上对洪水聚集性进行综合研究，检验洪水富集期/洪水贫乏期的具体月份与时期，并分析洪水年际聚集性在不同阈值及年时间尺度（从 1～5 年）下的差异。此外，本章尝试解决"为什么洪水存在时间聚集性"这一目前尚不明确但近期许多研究十分关注的科学问题。例如，Wadey 等[230]提出"未来研究应关注评价聚集性的机制"的观点；Merz 等[16]也表示，为理解洪水聚集性如何发生及在多大程度上受大气环流变化的影响，有必要进行更深入的机理分析。本章拟通过探讨年内和年际尺度上的大气环流时空变化来解决这一问题。

本章主要研究目标为：

（1）研究洪水聚集性在年内尺度是否存在及年内尺度的发生时间。

（2）检验洪水聚集性在年际尺度是否存在及洪水富集期/洪水贫乏期的发生时间。

（3）检验在不同阈值及年时间尺度下洪水聚集性的变化强度。

（4）探讨洪水聚集性形成和变化的潜在机理。

本章通过提出综合一系列方法的通用框架，系统地分析不同时间尺度下洪水发生的时间聚集性。该框架为澳大利亚洪水聚集性的时空变化及可能成因提供了新的视角，并可为洪水聚集性的综合检验提供参考。

5.2　数据

本章使用 Zhang 等[49]整编的 1975—2012 年未（少）受人类活动影响的 780 个流域日径流数据。为进一步保证数据质量，剔除流域缺测率高于 10% 以及一年中缺测率大于 15% 的数据，最终使用 1976—2010 年平均数据缺失率仅为 2.57% 的 413 个流域数据进行研究，如图 5-1 及图 5-2（a）所示。澳大利亚境内包含 13 个流域片区，由于西南部高原的流域片区无可利用数据，因此本研究不包含该流域片区。各流域片区所选流域的属性见表 5-2。

采用新安江模型、SIMHYD 模型及 AWRA 水文模型的模拟值填补各流域缺测数据[168,231-232]，并通过对比纳什系数（Nash-Sutcliffe Efficiency coefficient，NSE）确定各个流域的最优模型。结果表明，413 个流域的"最优"水文模型模拟效果良好[168,233]，其日径流量的模拟径流 NSE 的 10%、50%、90% 分位数分别为 0.43、0.67 和 0.81。

虽然 Zhang 等[49]也收集了 1975 年以前的径流数据，但该时期内所选 413 个流域的观测数据缺测率高达 40%。为保证所选径流数据时间长度一致，确保时空对比分析具有足够的数据量，本章仅使用 1976—2010 年的径流数据进行后续研究。同时期的气候因子（即 ENSO、IOD、IPO 及 SAM）数据来源于地球系统研究实验室（http://www.esrl.noaa.gov/psd/data/climateindices/list/）以及 Marshall[234]（https://legacy.bas.ac.uk/met/gjma/sam.html）。

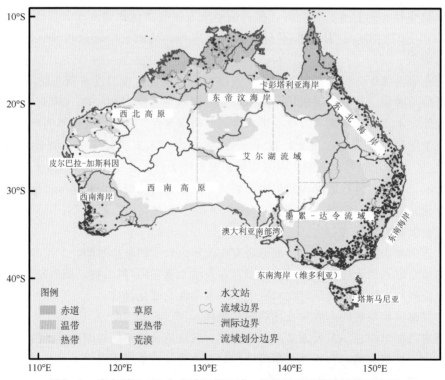

图 5-1　澳大利亚 413 个未受调节流域、气候区及河流流域片区位置

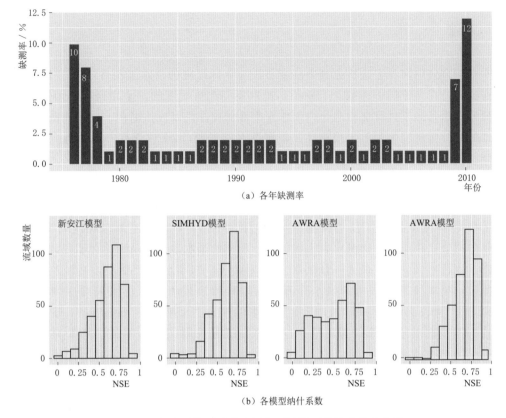

图 5-2 每年总缺测率直方图与不同模型纳什系数直方图

表 5-2   各流域片区所有流域属性统计汇总

地理位置	流域片区	简称	流域数量	平均面积 /km²	最小面积 /km²	最大面积 /km²	平均海拔 /m	平均降水量 /mm
澳大利亚北部	皮尔巴拉-加斯科因地区	PG	11	20940	1419	72902	351	321
	西北部高原	NWP	3	21186	3732	53323	335	399
	塔纳米-帝汶海岸	TTS	21	8088	165	47651	275	1043
	艾尔湖流域	LEB	1	5792	5792	5792	434	556
	卡彭塔利亚海岸	CC	11	4274	170	12652	365	1016
	东海岸北部	NEC	59	979	55	15851	380	1387
澳大利亚南部	东海岸南部（NSW）	SEN	68	1182	53	16953	598	1044
	东海岸南部（维多利亚州）	SEV	60	444	53	1974	430	897
	塔斯马尼亚	TAS	21	630	87	3285	479	1440
	墨累-达令流域	MDB	107	860	61	22885	660	882
	南澳大利亚海湾	SAG	6	576	56	2464	329	618
	西南海岸	SWC	45	1099	53	6773	237	685

5.3　方法

本章综合使用多种方法探究澳大利亚年内与年际尺度的洪水聚集性。基于 POT 超阈值采样技术，在各流域中选取 4 个阈值，提取不同严重程度的洪水序列。分别使用 COX 回归模型和逐月频率计算法检验年内洪水聚集性的存在性及发生时间。使用离散度指数及核密度估计分析研究年际洪水聚集性并识别洪水富集期/洪水贫乏期。以下将对这些方法进行详细阐述。

5.3.1　POT 超阈值采样技术

采用 POT 超阈值采样技术提取洪水的时间序列[235]，该技术通过确定的洪水阈值，提取超出阈值且距离上一次洪水发生时间大于两周的洪水事件，从而避免重复计算同一洪水事件，该技术可弥补年最大一日洪水采样（AMF）的不足[63]。然而，当涉及不同阈值的选择时，超阈值采样技术的洪水序列提取过程比年最大一日洪水采样序列复杂[214]。Stedinger[236]建议选取平均每年 1.65 次洪水事件作为洪水阈值；Mallakpour 等[63]建议选择平均每年 2 次洪水事件作为阈值；也有部分研究采用了其他阈值，基本为平均每年 2.4~3.3 次或 3 次以上洪水事件[212,214,237]。为深入理解不同阈值对洪水时间聚集性的影响，本章使用 4 个阈值提取洪水序列，即 POT3（平均每年 3 次洪水事件）、POT2（平均每年 2 次洪水事件）、POT1（平均每年 1 次洪水事件）及 POT0.5（平均每年 0.5 次洪水事件），由此得到不同阈值洪水发生次数及发生时间的数据。此外，还考虑了两种不同类型的时间数据：一种是年内 Julian 时间数据（时间数据Ⅱ），通过 COX 回归模型分析年内洪水聚集性[218]；另一种是径流时间序列中洪水发生的总天数（时间数据Ⅰ），主要通过离散度指数分析年际洪水聚集性[238]。

5.3.2　年内聚集性分析方法

5.3.2.1　COX 回归模型

洪水事件的点过程可以通过计数过程法表示：

$$N_i(t) = \sum_{j=1}^{M_i} 1 \quad (T_{ij} \leqslant t) \tag{5-1}$$

式中：M_i 为 i 年间洪水发生的次数；T_{ij} 为在 i 年中第 j 次洪水事件的时间；$t \in [0, T]$，0 和 T 分别为该年的开始和结束时间；$N_i(t)$ 为 i 年中从 0 到 T 的洪水计数时间序列的累积和，假设其服从泊松分布：

$$Pr\{N_i(t) = k\} = \frac{1}{k!} \exp\left\{-\int_0^t \lambda(u)\mathrm{d}u\right\} \left[\int_0^t \lambda(u)\mathrm{d}u\right]^k \tag{5-2}$$

式中：$\lambda(u)(u \in [0, T])$ 为洪水发生概率的非负时间函数，在非季节性洪水发生的情况下，$\lambda(u)$ 为常数。然而，若 $\lambda(u)$ 在 $u \in [0, T]$ 内不独立，而依赖于外部物理过程，则表明在一年特定时间内洪水发生过程呈聚集性特征[212,218]。为识别洪水发生过程是否取决于外部协变量过程，COX 回归模型提供了一个稳健的框架[218]。

在 COX 回归模型中，$\lambda(u)$ 的分布是取决于协变量变化过程的特定函数：

$$\lambda_i(t) = \lambda_0(t) \exp\left[\sum_{j=1}^{m} \beta_j Z_{ij}(t) \right] \tag{5-3}$$

式中：$\lambda_i(t)$ 为条件密度函数或风险函数，代表 i 年洪水发生过程的概率；$\lambda_0(t)$ 为基线风险函数的非负时间函数；$Z_{ij}(t)$ 为在 i 年中第 j 个协变量函数；β_j 为第 j 个协变量的系数。

为选择最优协变量，使用赤池信息准则（AIC）中的逐步回归方法[239]。AIC 通常用于评估统计模型的拟合度，可有效避免模型过拟合现象。利用卡方检验，验证最终模型是否能够充分描述洪水的发生过程，并满足比例风险回归模型（PHM）的假设[240]。其中，零假设为 COX 回归模型满足 PHM 假设。当卡方检验 p 值大于 0.5 时，接受假设，即 COX 回归模型可以很好地表征洪水发生。通过 R 语言的 survival 包可进行 COX 回归模型的计算[241]。

5.3.2.2 逐月频率计算

采用逐月频率计算法评估年内洪水分布[242]。虽然非季节性洪水在不同月份可能具有相同的月趋势，然而，具有年内聚集性的季节性洪水通常仅在特定的月份出现。洪水的月趋势可通过 Cunderlik 等提出的方法进行计算[237]：

$$FF_m = \frac{F_m}{N} \frac{30}{n_m} \tag{5-4}$$

式中：FF_m 为 m 月的月洪水频率；F_m 为出现在 m 月的年累计洪水事件；N 为 POT 序列的洪水事件总数；n_m 为 m 月中发生洪水事件的总天数。

均匀分布的非季节性洪水的频率 FF_m，其下界及上界的值可通过式（5-5）和式（5-6）确定[243]：

$$L_U^N = \frac{N + 11.491}{0.048 \times N^{1.131}} \tag{5-5}$$

$$L_L^N = \frac{N - 27.832}{0.199 \times N^{0.964}} \tag{5-6}$$

式中：L_U^N 与 L_L^N 分别为置信区间为 95% 时，年内均匀分布的非季节性洪水发生频率的上界和下界的值。若 FF_m 大于（小于）上界（下界），则接受在 95% 置信水平洪水富集月（洪水贫乏月）的显著检验。

5.3.3　年际聚集性分析方法

5.3.3.1　离散度指数

假设年洪水发生数量服从以均方差与平均值相等为主要特征的泊松分布，即：$Var(M)=E(M)=\mu$[214,244]。则可利用离散度指数（DI）评估服从泊松分布的年际洪水聚集性强度[249]：

$$DI=\frac{Var[M(T)]}{E[M(T)]}-1 \tag{5-7}$$

式中：$M(T)$ 为 T 时间窗口内洪水发生的序列。使用 1 年的时间窗口 T 检验年际洪水聚集性。为检验洪水聚集性变化是否与时间尺度有关，同时分析了 2 年、3 年、4 年、5 年的时间窗口。若 DI 为正，则表明洪水发生过度离散，在年际尺度存在洪水聚集性；相反，若 DI 为负则表明洪水序列分布平均，且比泊松分布更为平稳。

通过拉格朗日乘数法（LM）统计，在 95% 的置信区间下，检验 DI 的显著性[246]：

$$LM=0.5\times\frac{\sum_{i=1}^{k}(M_i-\hat{\lambda})^2-M_i}{k\hat{\lambda}^2} \tag{5-8}$$

式中：$\hat{\lambda}^2$ 代表长度为 k 时洪水发生的泊松分布的平均估计值。

5.3.3.2　核估计技术

核估计技术可应用于平滑点过程数据并评估点过程的时间变化，因此，本章采用核估计技术识别洪水富集期及洪水贫乏期。通过 Diggle 提供的公式可计算洪水发生概率[247]：

$$\hat{\lambda}_i(t)=h^{-1}\sum_{j=1}^{m}K\left(\frac{t-T_j}{h}\right) \tag{5-9}$$

式中：T_j 为第 j 次洪水发生的时间（时间数据 I）；K 为核函数；h 为核函数的窗宽；$\hat{\lambda}_i(t)$ 为在 t 时期的洪水发生率。

高斯核函数能够评估洪水发生率 $\hat{\lambda}_i(t)$ 在傅里叶空间的有效性并对其进行平滑处理[248]：

$$K(y)=\frac{1}{\sqrt{2\pi}}\exp\left(-\frac{y^2}{2}\right) \tag{5-10}$$

由于不存在超出观测边界的数据，因此，边界附近的洪水发生率 $\hat{\lambda}_i(t)$ 往往会被低估。为减少边界效应，使用名为"映射"的直接方法来产生时间区间 $[t_0,t_n]$ 边界外的"虚拟数据（pT）"[249]。在观测区间左侧，即 $t<t_0$，$pT(i)=t_0-[T(i)-t_0]$ 处，虚拟数据长度 h 为延长前数据长度 t_0 的 3 倍；观测区间右侧采取了同样的方式。由于虚拟数据是由边界附近的经验分布生成的，因此应谨慎分析边界附近的发生率[238,248]。

为检验洪水发生率是否拒绝零假设（即检测洪水发生率是否服从泊松分布），使用

Bootstrap 重采样技术确定置信区间[248]。若置信区间下界大于均值泊松分布的平均发生率，则定义为显著洪水富集期。相反，当置信区间上界小于恒定发生率，则定义为洪水贫乏期[16]。图 5-3 展示了 95％置信区间下的核发生率示例，旨在说明在时间序列开始及结束两端，有无"虚拟数据"生成时洪水发生率的显著差异，图 5-3 中实线（虚线）代表生成（不生成）伪数据的发生率，而黑色方块表示洪水富集期或洪水贫乏期。由此，1990 年被定义为显著洪水富集期，2004 年前后则为显著洪水贫乏期。由于边界效应的影响，本章未对位于时间序列末端的另一个洪水贫乏期进行确认和计算。

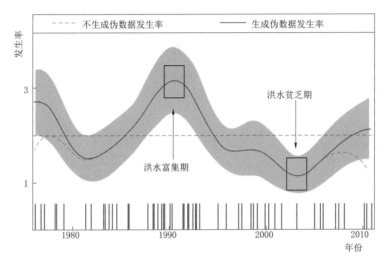

图 5-3　95％置信区间下 POT2 洪水发生率示例

由于窗宽会影响核密度估计的偏差和方差，因此选择合适的窗宽是核发生率估计的另一关键步骤。窗宽过小会增加 $\hat{\lambda}_i(t)$ 的随机性，使核密度估计方差增加，偏差减少；相反，窗宽过大会导致 $\hat{\lambda}_i(t)$ 过度平滑，使核密度估计方差减少，偏差增加。选择合适的窗宽是对偏差与方差的折中，本章采用交叉验证的方法确认合适的窗宽[250]。

5.4　年内洪水聚集性

洪水聚集性通常由协变量代表的外部物理过程生成[217]。因此使用 COX 回归模型研究年内洪水发生率（即时间数据Ⅱ）与气候因子（如 ENSO、IOD、IPO 与 SAM）的关系。图 5-4 显示，所有流域方差检验的 p 值均大于 0.05，相关流域的洪水发生受特定气候因子的显著影响，这表明由气候因子组成的模型可满足 PHM 假设，且 COX 回归模型能够很好地表征洪水发生的特性。其中，ENSO 与 SAM 对年内洪水发生的时间变化具有更显著的影响。当以 POT3 作为阈值时，选取的 413 个流域中分别有 191/214 个流域受到 ENSO/SAM 显著影响。然而随阈值增加，ENSO 与 SAM 的影响趋于减小，当使用 POT0.5 作为阈值时，仅有 147/189 个流域受 ENSO/SAM 的显著影响。IOD 和 IPO 对年内洪水的影响相对较小，但随着洪水阈值增加，IOD 和 IPO 影响范围增大。此外，

IOD 与 IPO 对超过 73 个流域洪水变化具有重要的预测作用。这些结果表明，洪水发生非独立存在，而存在年内时间尺度的聚集性。

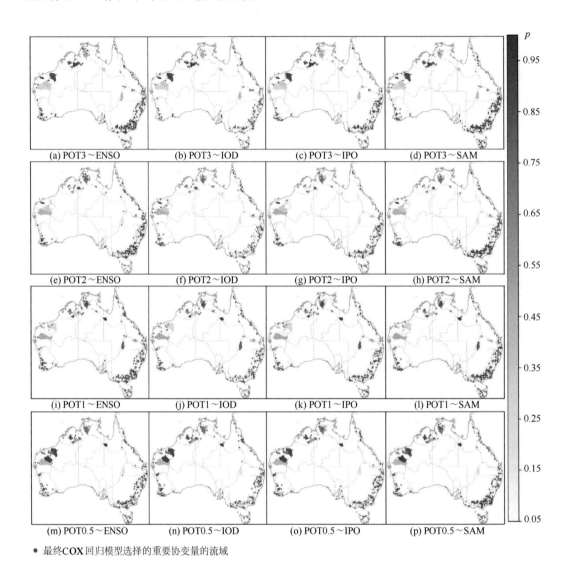

(a) POT3～ENSO　　(b) POT3～IOD　　(c) POT3～IPO　　(d) POT3～SAM

(e) POT2～ENSO　　(f) POT2～IOD　　(g) POT2～IPO　　(h) POT2～SAM

(i) POT1～ENSO　　(j) POT1～IOD　　(k) POT1～IPO　　(l) POT1～SAM

(m) POT0.5～ENSO　(n) POT0.5～IOD　(o) POT0.5～IPO　(p) POT0.5～SAM

● 最终COX回归模型选择的重要协变量的流域

图 5-4　COX 回归的卡方 p 值（阴影区域），其中气候因子为不同洪水阈值的协变量

　　然而，图 5-4 展示的年内聚集性结果并不能获取洪水聚集月份的信息，为识别年内洪水富集/贫乏的月份，利用逐月频率计算法（图 5-5 与图 5-6）深入分析洪水发生频率（即计数数据）的季节特征，并将每月频率大于 0.14 的区域作为具有显著洪水聚集月特征的流域。由图 5-5 展示的各月洪水频率空间分布可知不同月份的洪水发生频率具有显著差异。澳大利亚北部，洪水富集期主要集中在 1—3 月［图 5-5（a）～（c）］，而在澳大利亚西南角和东南部，洪水富集期主要发生于 7—9 月。图 5-6 进一步总结了 12 个流域片区（具体流域位置见图 5-1）的洪水发生频率。图 5-6 中灰线为流域的月洪水发生频

率，黑实线为区域洪水频率平均值，虚线代表非季节性在95%的置信区间下的范围。其中，5个横跨澳大利亚北部的流域片区［包括 PG、NWP、TTS、CC 与 NEC；图5-6（a）～（f）］，洪水发生率最高在2月。此外，大部分流域在1—3月期间洪水频率超出95%的置信区间的上界的持续时间较长，表明此时为澳大利亚北部的洪水富集月，洪水年内聚集性显著。6—10月被定义为洪水贫乏月，此时澳大利亚北部流域片区的主要流域月洪水发生率几乎为0。在7—9月，澳大利亚西南部和东南部横跨 SEV、TAS、MDB、SAG 及 SWC［图5-6（h）～（e）］等区域，识别到3个显著的洪水富集月。而在1—5月检测到持续时间更长的洪水贫乏月，主要表现为在95%置信区间下，其洪水发生率小于非季节洪水下限。然而 SEN 流域片区的月洪水发生频率相对平稳，仅有两个洪水略微活跃的月份［图5-6（g）］。

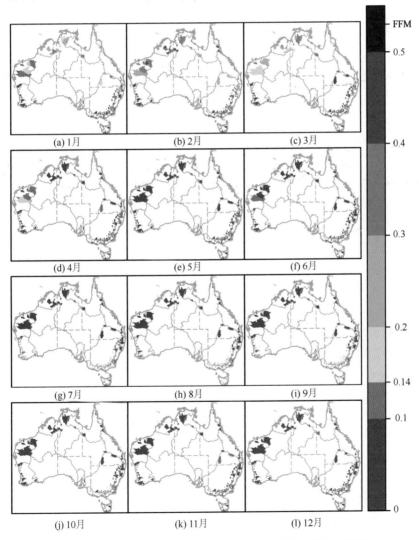

图5-5 不同月份在 POT2 时月洪水频率（图例为月洪水频率）

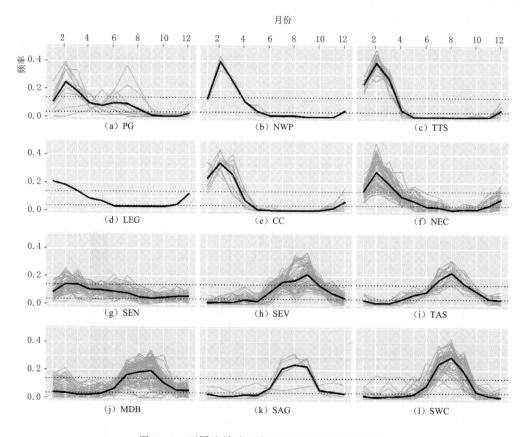

图 5 - 6　不同流域片区在 POT2 下的月洪水频率

5.5　年际洪水聚集性

将离散度指数应用于洪水发生率数据（即计数数据），综合分析具有洪水聚集性（蓝色圆点），具有较为均匀的规律性洪水年际发生率（红色圆点）及洪水聚集性、均匀性均达到95％的显著水平（实心圆点）的流域的空间分布，从而检验年际尺度上的洪水聚集性（图 5 - 7）。结果表明，澳大利亚大多数流域离散度指数大于 0，洪水发生具有聚集性特征。在澳大利亚西南角和东南部地区，发现在 95％置信区间下，洪水发生率存在显著的过度离散现象，且符合泊松分布条件的洪水发生具有强烈变化，这一现象反映该地区洪水出现了显著的洪水聚集性。由澳大利亚南部至北部，洪水聚集性强度逐渐减弱。当使用 POT3 序列时［图 5 - 7（a）］，澳大利亚东南部部分地区离散度指数值大于 2，说明在洪水富集期时，平均洪水事件是正常泊松分布过程中洪水事件发生数量的 2 倍。离散度指数值小于 0 时，洪水发生呈均匀分布，该现象主要发生于澳大利亚北部地区。少量流域在离散度指数值为负时具有显著性特征，这表明在该地区，洪水分布均匀的特征不清晰。总体而言，大多数流域在不同阈值时均可识别到洪水聚集性特征，且随洪水阈值增加，聚集性强度趋于减弱。

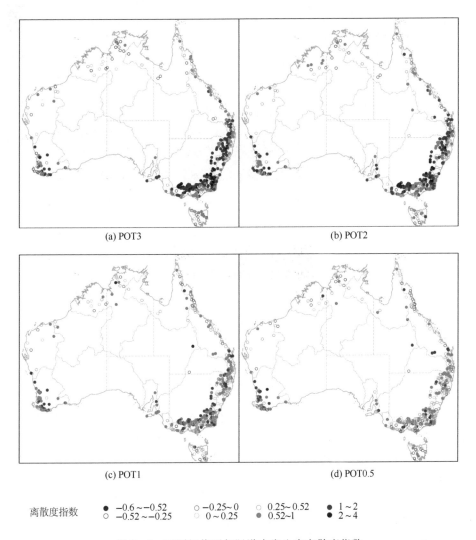

(a) POT3　　　　　　　　　　　　(b) POT2

(c) POT1　　　　　　　　　　　　(d) POT0.5

离散度指数　　● −0.6～−0.52　　○ −0.25～0　　○ 0.25～0.52　　● 1～2
　　　　　　　○ −0.52～−0.25　　○ 0～0.25　　● 0.52～1　　● 2～4

图 5-7　不同阈值下年际洪水发生率离散度指数

　　为分析不同时间尺度（1～5 年）对洪水聚集性的影响，总结在 95% 置信水平下澳大利亚地区及不同流域片区中，具有显著聚集性的流域比例（图 5-8）。结果表明，洪水聚集性具有明显的空间差异，在澳大利亚东海岸南部、东海岸南部（维多利亚州）及墨累-达令流域这 3 个流域片区，大部分流域均具有显著的洪水聚集性［图 5-8（e）、(f)、(h)］。

　　具有显著洪水聚集性的流域比例随 POT 阈值和时间尺度的变化而变化。随着阈值增加，具有显著洪水聚集性的流域比例减少，因此阈值为 POT0.5 时，具有显著洪水聚集性的流域占比最小。就整个澳大利亚地区而言，时间尺度不同，洪水聚集性显著的流域比例也不同。当阈值为 POT3 时，具有显著聚集性的流域比例为 62%～72%，而当阈值为

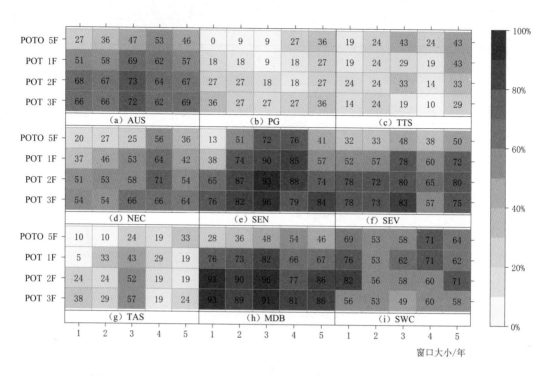

图 5-8　澳大利亚 (AUS) 及各流域片区在不同 POT 阈值和年际尺度下
具有显著洪水聚集性的流域比例

POT0.5 时，比例降至 27%～53%。然而，选取不同的时间窗口时，显著洪水聚集性空间分布模式差异并不明显 [图 5-8 (a)]。

为进一步识别各流域片区的洪水富集期/贫乏期，使用核密度估计分析洪水事件的年际时间变化 (即时间数据 I)，并以黄色矩形 (蓝色矩形) 表示在 95% 的置信区间的显著洪水富集期 (显著洪水贫乏期)；此外，以灰线表示不同流域的洪水发生率；黑线表示每一流域片区的平均洪水发生率；红虚线表示洪水的区域平均趋势 (图 5-9)。

图 5-9 显示，1976—2010 年间，不同流域片区的洪水发生率存在明显的时空差异，南部差异最为明显。然而，同一流域片区内不同流域的洪水发生率具有相似的变化特征。1987—1992 年，澳大利亚北部大多数流域片区 (特别是西北部高原及东帝汶海岸区域)，洪水发生率较低，该时期被识别为 95% 置信区间下的显著洪水贫乏期 [图 5-9 (b)、(c)]。相反，此时澳大利亚南部除塔斯马尼亚区域外，其余区域洪水发生率均较高 [图 5-9 (g)～(l)]。2001—2006 年，澳大利亚大多数流域片区，特别是澳大利亚东南部地区洪水发生率较低。此时，除塔斯马尼亚区域以外，澳大利亚其余流域片区均识别为 95% 置信区间下的洪水显著贫乏期。洪水富集期的洪水发生率明显高于洪水贫乏期 [图 5-5 (g)、(h)、(j)、(k)]，以东海岸南部的流域片区为例，洪水富集期时洪水的发生率是洪水贫乏期的 2.6 倍。

图 5-9 还展示了各流域片区平均洪水发生率的线性趋势。澳大利亚北部，如皮尔巴

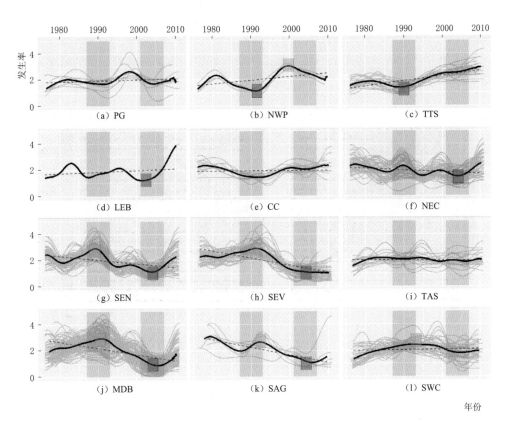

图 5-9　澳大利亚不同流域片区的洪水发生率

拉-加斯科因地区，西北部高原地区，塔纳米-帝汶海岸及艾尔湖地区洪水发生率呈增加趋势［图 5-9（a）～（d）］，并且在 2000 年后洪水发生率较高；相反，澳大利亚东南部所有流域片区洪水发生率均呈减少趋势［图 5-9（g）、（h）、（i）、（k）］。

5.6　洪水聚集性驱动机制分析

　　为揭示洪水聚集性背后的物理机制，进一步分析年内尺度和年际尺度的大气环流时空变化，本章基于美国国家环境预测中心与国家大气研究中心（National Centers for Environmental Prediction/National Center for Atmospheric Research，NCEP/NCAR）再分析数据[57]，提取 1976—2010 年 850hPa 的水平风和 500hPa 的垂直风的大气环流数据进行研究。

　　5.4 节的结果表明，在年内尺度洪水发生存在时间聚集性。2 月是澳大利亚北部洪水富集最显著的月份，但此时为澳大利亚南部的洪水贫乏月之一。相反，8 月是澳大利亚南部洪水富集最明显的月份，但却是澳大利亚北部的洪水贫乏月之一（图 5-5 和图 5-6）。因此，以 2 月和 8 月为例，通过检验和对比 1976—2010 年水平风和垂直风的距平值变化，探讨年内洪水聚集性的潜在原因（图 5-10）。其中，图 5-10 和图 5-11 中垂直风速距平下降的红色区域表示空气作上升运动，而垂直风速距平上升的蓝色区域空气趋于下沉运动；图 5－10～图 5－12 的红线表示 2 月为洪水富集月的流域片区，绿线表示 8 月为洪水富集月的流域片区。为辨别水平风速与垂直风速的作用，水平风速均以箭头表示，垂直风速均以阴影表示。

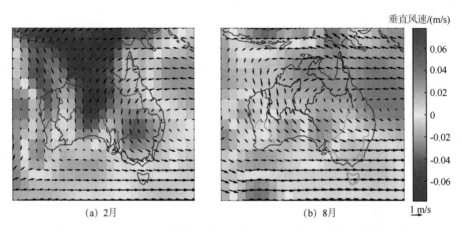

图 5－10　1976—2010 年的 2 月和 8 月 850hPa 水平风速和垂直风速的
多年平均距平值

2 月时［图 5－10（a）］，澳大利亚北部主要受盛行北风的控制；与此同时，由于垂直风速增加，地表水汽上升至对流层上部辐合，水汽凝结增加[251]，水汽在该地区不断传输凝结，最终致使此时澳大利亚北部地区降水丰沛。相反，此时南部地区主要受来自内陆的北风控制；且部分地区（如西南海岸、南澳大利亚海湾和维多利亚州等流域片区）还受到垂直气流下沉的影响，降水较少。因此，2 月为澳大利亚北部的洪水富集月而为南部的洪水贫乏月。8 月时［图 5－10（b）］，由于副热带高气压带北移至澳大利北部，北部地区受信风控制，而此时南部地区受盛行西风控制。此时北部地区以空气下沉运动为主而南部地区以空气上升运动为主，从而导致澳大利亚北部降水少，南部降水多。因此，8 月为澳大利亚北部的洪水贫乏月而为南部的洪水富集月。

5.5 节的结果显示，1987—1992 年，澳大利亚西北部高原与塔纳米-帝汶海岸地区为显著洪水贫乏期［图 5－9（b）～（e）］，南部除塔斯马尼亚地区以外，其余流域片区皆为显著洪水富集期［图 5－9（g）、（h）、（j）～（l）］。2001—2006 年，澳大利亚北部艾尔湖与东海岸北部地区及除塔斯马尼亚以外南部所有流域片区均为显著洪水富集期［图 5－9（d）、（f）、（g）、（h）、（j）］。图 5－11 展示了 1987—1992 年及 2001—2006 年间 2 月与 8 月的水平风速和垂直风速较多年平均（1976—2010 年）风速的变化。1987—1992 年 2 月，西北部高原与塔纳米-帝汶海岸主要地区受空气异常下沉运动及来自内陆的东南信风控制，降水与洪水减少，与该地区洪水贫乏期大致一致。2001—2006 年，艾尔湖与东海岸北部地区的流域片区受到来自内陆的异常南风控制，该地区出现显著的洪水贫乏期。然而，由于此时帝汶海西部受异常气旋的影响，传输至西北部高原与塔纳米-帝汶海岸的水汽增加，导致此时洪水发生率较高。

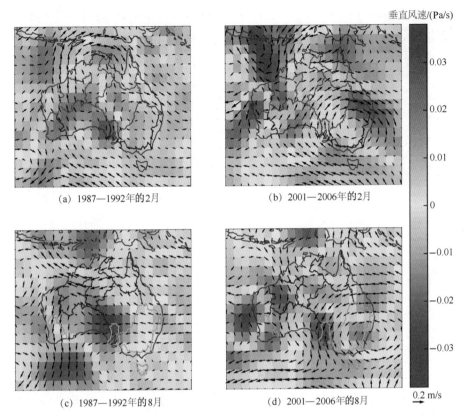

　　垂直风速/(Pa/s)

(a) 1987—1992年的2月　　　　(b) 2001—2006年的2月

(c) 1987—1992年的8月　　　　(d) 2001—2006年的8月

图 5-11　1987—1992 年和 2001—2006 年的 2 月和 8 月的 850hPa 水平风速和 500hPa
垂直风速较相应月份多年平均（1976—2010 年）变化

　　1987—1992 年的 8 月，澳大利亚西部出现异常反气旋，西南部出现异常气旋，整体
呈南北向偶极模式。由于西南海岸地区北风异常增强，空气以上升运动为主，该时期洪水
发生频率较高。此时，澳大利亚东南部受来自太平洋的异常东风影响，洪水发生频率增
加。在 2001—2006 年间，澳大利亚南部检测到反气旋异常，该时期大部分地区受异常空
气下沉运动及来自内陆的显著北风影响，洪水发生频率减少 ［图 5-11（d）］。总体而言，
5.4 节洪水时间聚集性的结果与大气变化异常模式基本一致。

　　通过深入研究 1976—2010 年水平风与垂直风的变化趋势，说明洪水发生率的变化规
律（图 5-12）。其中，黄色阴影区域表示垂直风速上升为显著增加趋势，而蓝色阴影表
示垂直风速下降为显著增加趋势。2 月时，帝汶海和澳大利亚东南部分别出现了 2 次气旋
异常现象。澳大利亚西北部受来自帝汶海的温暖湿润西风影响；与此同时，在 95% 置信
区间下检验到西北部高原地区空气的显著上升运动 ［图 5-12（a）］。因此，这些流域片
区的洪水发生率呈增长趋势。相反，澳大利亚东海岸北部与卡彭塔里亚海岸地区受西风及
显著空气下沉运动影响，洪水发生率减少。8 月时，澳大利亚东南部受大尺度反气旋控
制，降水减少，洪水发生率也随之减少 ［图 5-12（b）］。

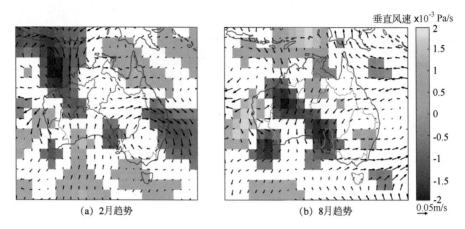

(a) 2月趋势　　　　　　　　　(b) 8月趋势

图 5-12　1976—2010 年的 2 月和 8 月 850hPa 水平风速和 500hPa 垂直风速的线性趋势

5.7　讨论

　　诸多研究表明气候变化受气候因子的显著影响。Ishak 等[226]发现澳大利亚年最大一日洪水与气候因子（包括 ENSO、IPO 与 SAM）具有较强的相关性。Johnson 等[27]指出，这些气候因子对洪水量级和频率也具有显著影响。因此，本章首先以气候因子作为协变量，通过 COX 回归模型检测气候因子对澳大利亚洪水年内洪水发生时间的影响。Cai 等[229]发现 ENSO 对澳大利亚降水变化具有显著影响。Pui 等[252]指出，ENSO 是澳大利亚东部降水变化的主要影响因素。Risbey 等[253]发现 ENSO 对澳大利亚北部的降水变化具有重要作用。IOD 与 IPO 主要影响澳大利亚东部的洪水变化及极端降水[226,254-255]，而 SAM 是南半球副热带气候变化的主要影响因素之一[256]。Hendon 等[257]发现 SAM 对澳大利亚西南部及东南部的降水变化的影响可达 15%。先前的研究成果阐明了澳大利亚气候对降水变化及洪水量级与频率的显著影响，其中各气候因子的影响区域与本章的研究结果相近[27,226,229,252-253,257]。此外，本章在研究结果中更深入地阐述了气候因子对澳大利亚洪水发生时间的重要作用。

　　利用逐月频率法，发现澳大利北部洪水富集期主要集中于 1—3 月，而在澳大利亚南部洪水富集期多为 7—9 月。由于澳大利亚的降水具有明显的季节性，南部地区降水集中于冬季，北部地区降水主要集中于夏季，因此洪水富集月/洪水贫乏月也呈现明显的南北差异。由于东海岸南部地区主要为温带气候，降水均匀且无明显的旱季，其洪水发生率在不同月份分布较为均匀。尽管如此，在 2—3 月，东海岸南部地区洪水发生出现轻微富集现象，这可能与气旋运动的影响导致的大规模降水相关[258]。在欧洲、亚洲及北美等地也发现了洪水具有强烈的季节性（表 5-1）。例如，在美国西部及东部，大多数洪水集中发生于 10 月至次年 3 月[13]。然而，欧洲不同地区的洪水富集月具有明显差异，这表明，不同地区的洪水产生机制不同。

　　在年际尺度，采用离散度指数及核密度估计评估洪水聚集性存在性。澳大利亚的洪水富集期/洪水贫乏期与 Merz 等[16]在德国的研究结果一致。由于 1997—2009 年澳大利亚东南部降水量极少，且 2001—2005 年，墨累河径流量达到历史最低水平（仅为年平均的 40%[192,223]），导致 2001—2006 年该地区的显著洪水贫乏期。Lavender 等[258] 发现，1970—2009 年澳大利亚降水发生了显著变化，东部降水减少而西北部降水增加。Yilmaz 等[228] 表明，澳大利亚东南部持续时间较长（6h、12h、24h 及 48h）的极端降雨事件有显著减少的趋势。上述研究结果与本章研究结果均表明，澳大利亚东南部洪水发生率呈减少趋势，而西北部洪水发生率呈增加趋势。

流域特征对洪水过程具有重要影响，且对水文恢复的滞后性起关键作用[192]。流域前期条件会显著影响洪水的频率分布[259]。此外，持续数月或数年的干旱或湿润条件对生成洪水富集期/洪水贫乏期也有一定的影响[16]。Merz 等[260] 指出，相对于严重洪水，流域特征对量级较小的洪水影响更为显著。若流域地处较湿润的环境，中等降水即可导致量级较小的洪水事件发生。与此同时，与极端降水相比，中等降水时洪水发生概率更高。因此，相比持续时间较长的大型洪水，水文恢复滞后性对较短时间内集中发生的小量级洪水的聚集性具有更重要的作用。随着阈值的减小，POT 超阈值采样技术所获取的洪水事件时间间隔变短，洪水量级也变小；因此阈值越小，洪水聚集性越强，这与流域下垫面特征的强烈作用有关。流域特征对洪水产生的影响与洪水聚集性强度及集聚性显著的流域数量随洪水量级增加而减少的结果一致，也与 Merz 等[16] 研究德国洪水聚集性与洪水阈值的关系的结果相似。然而，由于只有 36 年的可用观测径流数据，本章并未检验更大重现期（例如每 5 年或 10 年一度的洪水）及更长时间尺度的洪水聚集性。

本章所选的未受调节的流域多位于河源地区，土地利用强度较低且不受水库调节，因此，这些流域的洪水聚集性仅反映气候变化的影响。气候变化可按年内、年际及更低频率的有序形式存在[261]，且在大气环流变化的背景下对洪水发生产生显著的影响[262-263]。Merz 等[16] 假定德国的洪水聚集性是由流域特征所引起的，然而流域特征的影响并不能解释特定时间的洪水聚集性。因此，本章首先检验了年内洪水发生时间及气候因子的关系，而后研究与洪水聚集时期大气环流变化。本章发现洪水发生并不独立，且聚集性受气候因子的调节。更重要的是，洪水聚集时期在年内尺度和年际尺度均与大气环流一致。简而言之，与气候变化相关的大气环流变化是造成洪水聚集性的主要因素。此外，流域特征对聚集性强度也发挥着一定调节作用。

5.8 本章小结

尽管已有诸多关于北半球地区洪水时间聚集性的研究，但南半球地区相关的研究及文献仍较少。此外，洪水聚集性背后的成因仍不明确。基于此，本章首次评估了过去 36 年（即 1975—2010 年）澳大利亚 413 个流域在年内及年际尺度的洪水聚集性及其成因，并得到以下结论：

（1）基于 COX 回归模型，研究年内尺度的洪水发生与受太平洋和印度洋影响的 4 个气候因子的关系。结果表明，年内洪水发生的时间变化与气候因子显著相关，洪水的发生并非独立存在，其聚集性受气候因子调节。

（2）澳大利亚具有显著的洪水富集月和贫乏月，且具有明显的南北差异。在澳大利亚北部，1—3月为洪水富集月，6—10月通常为洪水贫乏月。相反，在澳大利亚南部，7—9月为洪水富集月，而1—5月通常为洪水贫乏月。

（3）澳大利亚年际洪水聚集性强度因地而异，南部洪水聚集性强度大于北部。洪水聚集性强度随洪水严重程度的增加而减小。

（4）在澳大利亚地区检测到显著的洪水富集期/洪水贫乏期。1978—1997年，澳大利亚北部大部分流域片区都识别为显著洪水贫乏期；而澳大利亚南部，除塔斯马尼亚地区以外，其余流域片区都定义为洪水富集期。相反，在2001—2006年，澳大利亚北部艾尔湖流域和东海岸北部地区，以及除塔斯马尼亚以外，澳大利亚南部所有的流域片区均为显著洪水贫乏期。

（5）在年内和年际尺度上大气环流变化与洪水聚集性均具有一致性。在年内尺度，由于北风及大气上升运动导致2月时澳大利亚北部洪水活动频繁；而8月时，受盛行西风及大气上升运动的影响，澳大利亚西南部及东南部洪水频繁发生。1987—1992年，澳大利亚北部2月受异常空气下沉影响，洪水匮乏；8月，澳大利亚东南部受来自太平洋的湿润异常东风增强影响，出现洪水富集现象。2001—2006年，在2月时澳大利亚北部大部分地区受来自内陆的南风影响，出现洪水匮乏现象；在澳大利亚东南部，由于大尺度反气旋异常影响，导致洪水季节时洪水匮乏。1976—2010年，由于空气显著上升运动及西风环流控制，澳大利亚西北部洪水发生率增加；而由于异常反气旋影响，澳大利亚东南部所有流域片区的洪水发生率呈减少趋势。

本章通过使用澳大利亚大陆413个未受调节流域的日径流数据，综合研究了不同阈值及不同时间尺度的洪水聚集性，并通过分析大气环流的时空变化，为洪水聚集性背后的物理机制提供了新的视角。

第6章 天然流域洪水变化与大尺度气候因子的关系及其潜在机制

6.1 概述

洪水灾害是澳大利亚危害最为致命的自然灾害之一，对当地自然条件与社会经济造成了严重的影响[21-24]。例如，2017 年 3 月底澳大利亚东部洪涝灾害，直接导致约 24 亿澳元的经济损失及 12 人死亡。目前已有众多澳大利亚洪水变化的相关研究，研究结果大多表明澳大利亚洪水量级与频率均发生了显著变化[27,155,226,264-266]。例如，Ishak 等[267]通过检验澳大利亚受人类活动影响较小的 491 个流域的年最大洪水变化，分析了澳大利亚地区天然流域洪水的变化规律。他们发现当置信区间为 90％时，30％流域的洪水存在显著变化趋势，其中南部主要出现显著减少趋势，而显著增加趋势主要出现在北部。因此，目前尚待解决的科学问题是：为什么洪水量级与频率会发生显著变化，特别是在几乎不受人类活动影响的区域。本章假设其变化是由与太平洋和印度洋相关的气候系统变异导致的。

海表温度异常通过影响水汽含量，从而影响降水、径流以及洪水，对全球气候具有重要作用[268-270]。澳大利亚气候系统主要受由太平洋与印度洋相关的大尺度气候涛动，如厄尔尼诺-南方涛动（El Niño - Southern Oscillation；ENSO）、印度洋偶极子（Indian Ocean Dipole；IOD）、太平洋年代际振荡（Inter - decadal Pacific Oscillation；IPO）及南极涛动（Southern Annular Mode；SAM）的影响，具有不同的季节和区域特征[227-229,257,271-273]。Johnson 等[27]通过总结关于澳大利亚自然灾害的相关研究，发现ENSO、SAM 及 IPO 均对澳大利亚洪水具有显著影响。Cai 等[229]强调，IOD 对澳大利亚气候变化具有重要影响。不同阶段 ENSO 对澳大利亚的气候也有相应影响，其中，澳大利亚东部大部分地区冬春季节在拉尼娜期间气候趋于冷湿，而在厄尔尼诺期间趋于暖干[227,273-275]；此外，负相位 IOD 使该区域趋于湿润，而正相位 IOD 则使该区域趋于干燥[255,271,276]。Power 等[277]指出，IPO 是澳大利亚东部地区降水的主要影响因素。负相位 IPO 通常会导致降水和径流增加，在新南威尔士州和昆士兰州影响最为显著[22,272]。King 等[272]发现 ENSO 与 IPO 对极端降水的变化具有显著的影响。近期有研究表明，SAM 与 IPO 对澳大利亚东南部极端降水的变化具有重要影响[228]。此外，SAM 被认为是影响南半球温带气候变化的主要指标[256]，正相位 SAM 主要通过增加降水影响澳大利亚东部的春季降水[253]。其他的气候因子如 Madden - Julian 振荡和南方涛动指数也可能对澳大利亚气候造成影响。然而，由于这些气候因子与 ENSO、IOD、IPO 和 SAM 这 4 个气候因子相比，对澳大利亚气候系统的影响相对较小，且这些气候因子与上述的4 个气候因子存在相互作用。此外，考虑所有影响澳大利亚气候系统的气候因子并不现实。因此本章假定 ENSO、IOD、IPO 和 SAM 这 4 个气候因子为影响澳大利亚洪水量级/频率的主要因子。

　　虽然已有诸多关于澳大利亚不同地区大尺度气候因子影响的研究，但对于洪水量级/频率和气候因子间关系的研究仍十分有限[74,226,254]。Kiem 等[74]评估 ENSO 事件对新南威尔士州的洪涝风险影响时，发现在拉尼娜期间，当地洪涝风险显著增加。Ishak 等[226]利用曼-肯德尔检验法（Mann-Kendall test；MK test）及修正的曼-肯德尔检验法（partial Mann-Kendall test；partial MK test）评估澳大利亚年最大洪水变化趋势，研究表明，澳大利亚年最大洪水的趋势可能受 ENSO、IPO 及 SAM 影响。Pui 等[254]通过检验 IPO前期降水指数对澳大利亚东部洪水的影响，得到监测 IPO 指数有助于确定洪水高风险期的结论。综上，先前已有众多针对不同的气候因子对洪水风险或年最大洪水影响的研究。基于此，本章评估 4 个气候因子（ENSO、IOD、IPO、SAM）对洪水量级/频率的影响，尤其是季节尺度的影响。

　　不同的气候因子对澳大利亚气候的影响因地区而异[227]。澳大利亚北部主要位于热带气候区，降水集中于夏季，而东南部地处温带气候区，降水集中于冬季。Liu 等[32]指出，澳大利亚洪水具有明显的季节性，且南北差异显著。Mallakpour 等[63]认为，影响洪水的主导气候因子随地区和季节而异。因此，理解季节尺度洪水量级/频率变化的成因至关重要[13,116,278]。频繁的洪水通常会加剧经济损失，为洪水管理及防灾减灾工作带来巨大挑战[129,279-280]。因此，本章致力于调查澳大利亚气候因子与季节性洪水间的可能关系，尤其是目前在该地区尚未研究的洪水频率与气候因子的关系。

　　研究洪水量级/频率变化与气候因子的关系有助于预测未来洪水演变规律。洪水预测的可信度主要取决于所选的气候因子[63]。然而，选择预测洪水的主导气候因子绝非易事[281-282]，确定主导气候因子是探究季节性洪水与大尺度气候涛动之间观测关系背后的物理机制的关键[5,63,281,283]。因此，本章的第二个目标为确认影响洪水量级/频率的主导气候因子。

　　洪水与大尺度大气环流异常密切相关，研究大气环流是获取观测关系背后物理机制的有效方法[272]。Lindesay 等[284]发现洪水变化特征受大气环流控制。若能够证实气候因子对大气环流具有影响，就有可能揭示气候因子与洪水量级/频率关系背后的机理[5,63,281,285]。研究大气环流是否能够解释气候因子和洪水的相关性，对于确定气候因子和洪水的相关性是否存在至关重要[272,286-288]。Xiao 等[289]表明，探索大气环流异常变化有助于发现观测关系背后的地球物理过程，并有助于理解与气候因子和洪水变化遥相关的可能物理机制。因此，本章通过分析大气变化距平值与气候因子之间的回归关系，研究气候因子对洪水的影响。

　　综上，探究澳大利亚多种气候因子与季节性洪水量级/频率之间关系的研究有限，且目前气候因子与季节性洪水之间的关系，以及这种关系背后可能的物理机制尚不明确。为弥补这些知识漏洞，本章主要研究目标为：

　　（1）检验大尺度气候因子与天然流域的季节性洪水量级/频率的关系（图 6-1）。

　　（2）确定影响洪水变化的主导气候因子。

　　（3）研究观测关系背后的物理机制。

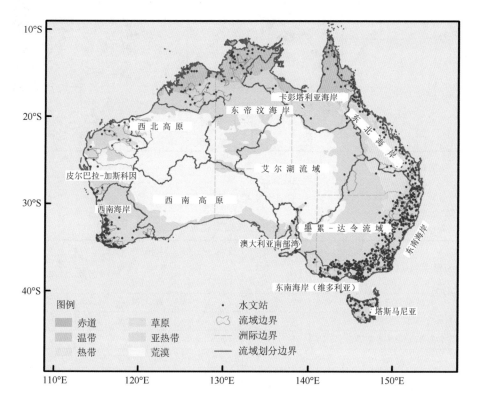

图 6-1　澳大利亚 413 个未受人为调节的水文站空间分布

6.2　数据

研究数据来源于 Zhang 等[49] 整编的 1975—2012 年 780 个未（少）受调节流域的日径流数据。这些流域大部分地处河流源头，极少受到人类活动的影响。为确保数据质量，首先剔除数据缺测率高于 10% 的 367 个流域，遴选 1976—2012 年澳大利亚 413 个河流流域站点的径流数据。所选取的 413 个流域数据缺测率均少于 10%。此外，由于 1975 年、2011 年及 2012 年大多数流域缺测率过高（大于 15%），因此剔除这 3 年的数据。为保证不同流域站点研究时段的一致性，仅选用 1976—2010 年 413 个流域的数据，在此期间数据平均缺失率为 2.57%，可确保时空对比分析有足够的数据量。对于所选的 413 个流域，利用水文模型模拟值填补缺测数据。采用新安江模型、SIMHYD 及 AWRA 水文模型对径流进行模拟，通过对比三个模型模拟的纳什系数，确定每个流域的最佳模型，并使用最佳模型的模拟结果来插补相应流域的缺测值（图 6-2）。总体而言，这些水文模型对日径流的模拟效果良好，且纳什系数值较高。澳大利亚境内共包含 13 个流域片区，由于西南部高原的流域片区无可利用数据，因此本章不包含该流域片区。表 6-1 汇总了澳大利亚各流域片区的流域属性（片区内流域属性的平均值）。

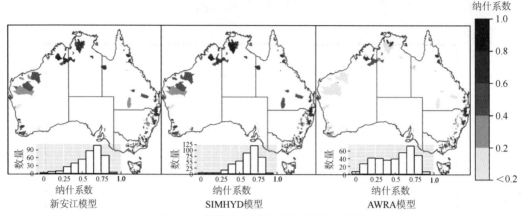

图 6-2　不同水文模型模拟径流纳什系数

表 6-1　　　　　　　　　　　各流域片区流域属性统计

分区序号	流域分区	简称	流域数量	平均面积/km²	平均海拔/m	平均坡度/(°)	平均降水量/mm	平均蒸发量/mm	平均干旱指数	平均灌溉率	土地集约利用率	森林覆盖率
Ⅰ	东海岸北部	NEC	59	40	380	5.64	1387	1684	1.40	1.17	1.53	0.55
Ⅱ	东海岸南部（NSW）	SEN	68	12	598	6.63	1044	1296	1.30	0.20	0.76	0.71
Ⅲ	东海岸南部（维多利亚州）	SEV	60	14	430	5.08	897	1104	1.29	0.65	1.67	0.60
Ⅳ	塔斯马尼亚	TAS	21	7	479	6.58	1440	989	0.79	1.14	0.10	0.59
Ⅴ	墨累-达令盆地	MDB	107	101	660	5.35	882	1249	1.54	0.58	1.91	0.48
Ⅵ	南澳大利亚海湾	SAG	6	11	329	2.50	618	1258	2.34	4.03	1.76	0.29
Ⅶ	西南海岸	SWC	45	31	237	1.36	685	1342	2.14	0.39	0.31	0.46
Ⅷ	皮尔巴拉-加斯科因地区	PG	11	43	351	1.23	321	1701	5.45	0.00	0.00	0.04
Ⅸ	西北部高原	NWP	3	63	335	1.38	399	1750	4.38	0.00	0.00	0.04
Ⅹ	东帝汶海岸	TTS	21	99	275	1.67	1043	2023	2.12	0.12	0.33	0.12
Ⅺ	艾尔湖盆地	LEB	1	118	434	1.01	556	1689	3.04	0.00	0.06	0.17
Ⅻ	卡彭塔利亚海岸	CC	11	54	365	2.07	1016	1923	2.20	0.41	0.27	0.26

＊　基于 Zhang 等[49]2013 年的元数据计算而来。

　　本章选用了与太平洋和印度洋相关的 4 个气候因子，分别为 ENSO、IOD、IPO 及 SAM。其中，月 ENSO 数据为尼诺 3.4 指数（Niño 3.4 indices），主要为厄尔尼诺 3.4 区（5°N～5°S，120°W～170°W）的海表温度差异；此数据来源于美国国家海洋与大气管理局气候预测中心（http：//www.cpc.ncep.noaa.gov/products/analysis_monitoring/ensostuff/ensoyears.shtml）。IOD 是指发生于西印度洋（50°E～70°E，10°S～10°N）与东南印度洋（90°E～110°E，10°S～0°N）的耦合海-气现象，通过偶极子振荡指数进行衡量[290]；月 IOD 数据来源于哈德利中心海冰和海表面温度数据集（The Hadley Centre Global Sea Ice and Sea Surface Temperature；HadISST；http：//www.Jamstec.go.jp/frsgc/research/d1/iod/iod/dipole_mode_index.html）。IPO 指数为衡量太平洋多年变化的指标，该指标主要通过计算赤道中部太平洋、西北太平洋及西南太平洋的平均海表温度差异获取[291]；月 IPO 数据来源于哈德利中心海冰和海表面温度数据集 2.1（HadISST 2.1；

https：//www. esrl. noaa. gov/psd/data/timeseries/IPOTPI/)。SAM 是用于衡量南极洲西风漂流南北运动的指标，主要通过计算 40°S~65°S 的纬向平均海平面气压差获取[234]；SAM 指数来源于 Marshall[234]（https：//legacy. bas. ac. uk/met/gjma/sam. html)。

美国国家环境预测中心与国家大气研究中心（National Centers for Environmental Prediction/National Center for Atmospheric Research；NCEP/NCAR）再分析数据集是一个不断更新的全球网格化数据集（1948—2021 年），这是目前最完整的气象数据集之一。NCEP/NCAR 是广泛运用于全球大气变化研究的一项重要工具[57]。本章基于 1975—2011 年 2.5°×2.5°空间分辨率的月 NCEP/NCAR 平均再分析数据[57]，选取 850hPa 的季节性水平风速距平值和 500hPa 的垂直风速距平值，解释气候因子与洪水量级/频率的关系。

6.3 方法

6.3.1 洪水量级及洪水频率采样

采用季节最大值采样方法得到季节尺度的洪水量级序列，序列按南半球季节分为夏季（12 月至次年 2 月），秋季（3—5 月），冬季（6—8 月）和春季（9—11 月）。采用 POT 超阈值采样技术提取洪水频率序列[235]，超阈值采样技术所提取的洪水不受洪水发生时间的制约，且更具代表性。

基于平均每年两次洪水和两周时间内检测到多次洪峰即认定为一场洪水的原则，确定洪水发生的阈值，进而提取每年洪水发生的次数[63]。根据洪水发生时间，将逐年发生的洪水分配到各个季节，得到季节洪水发生频率。

6.3.2 最优协变量选择

采用 GAMLSS 模型（generalized additive models for location，scale and shape；位置、尺度和形状的广义可加模型）确定最优协变量[292]。GAMLSS 模型建模不受位置参数（与平均值有关）、尺度参数和形状参数（与分散、偏度及峰度相关）的限制。此外，GAMLSS 模型中还包括协变量的线性与非线性概率分布函数，为非平稳建模提供了比其他可加性模型（如广义可加模型）更加灵活的选择[292-293]。

GAMLSS 假设观测值 $y_i(i=1,2,\cdots,n)$，概率函数为

$$F_y(Y_i \mid \theta_k)\theta_k = \int(\mu_i,\sigma_i,v_i,\tau_i) \tag{6-1}$$

式中：μ_i 与 σ_i 分别为位置参数和尺度参数；v_i 和 τ_i 为形状参数。

分布参数与协变量和单调联系函数 g_k 的随机效应相关：

$$g_k(\theta_k)=X_k\beta_k+\sum_{j=1}^m h_{jk}(x_{jk}) \tag{6-2}$$

式中：θ_k 和 β_k 分别为长度为 n 和 m 的向量；X_k 为解释变量 $n\times m$ 的设计矩阵；h_{jk} 为分布参数对协变量 x_{jk} 的函数依赖性，它是矩阵 X_k 的一列（$k=1$，2，3，4）通过三次样条函数平滑获得该依赖性[190]。

在 GAMLSS 模型中，分别采用逻辑回归和泊松回归确定描述洪水量级/频率变化过

程的最优气候因子或气候因子数据集[5]。逻辑回归广泛用于洪水频率分析，其公式为

$$f_Y(y\,|\,\mu_{i,j},\sigma)=\frac{1}{\sigma}\left[\exp\left(-\frac{y-\mu_{i,j}}{\sigma}\right)\right]\left[1+\exp\left(-\frac{y-\mu_{i,j}}{\sigma}\right)\right]^{-2} \quad (6-3)$$

式中：$var(Y)=\pi^2\sigma^2/3$ 和 π 与 σ 分别为位置和尺度参数；$\mu_{i,j}$ 为通过同一连接函数与气候因子呈线性关系的一个非负随机变量：

$$\mu_{i,j}=\beta_{0,j}+\beta_{1,j}C1_{i,j}+\beta_{2,j}C2_{i,j}+\cdots+\beta_{i,j}C3_{i,j} \quad (6-4)$$

式中：$(C1_{i,j},C2_{i,j},\cdots,C3_{i,j})$ 为协变量的向量，如 ENSO、IOD、IPO 和 SAM；$\beta_{0,j}$，$\beta_{1,j}$，$\cdots$，$\beta_{n,j}$ 为协变量参数，可通过最大似然法评估。

泊松回归是广义线性模型的一种，因其响应变量具有离散性质的计数数据形式，因此适合进行洪水频率建模[63]。泊松分布公式为

$$P(N_{ij}=k\,|\,\Lambda_{ij})=\frac{e^{-\Lambda_j}j\,\Lambda_{ij}^k}{k!} \quad (k=0,1,2,\cdots) \quad (6-5)$$

式中：N_{ij} 为第 i 年第 j 季的洪水事件，Λ_{ij} 为出现参数的比例，它是通过对数连接函数线性地依赖于气候因子的一个非负随机变量：

$$\Lambda_{ij}=\exp(\beta_{0,j}+\beta_{1,j}C1_{i,j}+\beta_{2,j}C2_{i,j}+\cdots+\beta_{i,j}C3_{i,j}) \quad (6-6)$$

各流域均考虑了由1～4个气候因子的协变量组合而成的15个不同的模型（表6-2）。在 GAMLSS 模型中，利用赤池信息准则（akaike information criterion，AIC）确定最优模型，并利用 AIC 最小值确定每一流域的显著协变量。例如，昆士兰州巴库河在15个模型中，以 IOD 为协变量的模型在模拟流域洪水量级/频率时具有最小的 AIC 值，因此，IOD 是该流域中洪水量级/频率变化的最优协变量（见表6-2）。

表 6-2　　本章所使用的 GAMLSS 模型阐述

序号	模型名称	回归	模拟结构	AIC	最优协变量
1	MLO1		～ENSO	86.8	
2	MLO2		～IOD	**84.1**	
3	MLO3		～IPO	85.6	
4	MLO4		～SAM	85.8	
5	MLO5		～ENSO+IOD	86.1	
6	MLO6		～ENSO+IPO	87.4	
7	MLO7		～ENSO+SAM	87.2	
8	MLO8	洪水量级使用逻辑回归	～IOD+IPO	85.3	IOD
9	MLO9		～IOD+SAM	85.8	
10	MLO10		～IPO+SAM	86.8	
11	MLO11		～ENSO+IOD+IPO	87.3	
12	MLO12		～ENSO+IOD+SAM	87.8	
13	MLO13		～ENSO+IPO+SAM	88.0	
14	MLO14		～IOD+IPO+SAM	87.0	
15	MLO15		～ENSO+IOD+IPO+SAM	88.9	

续表

序号	模型名称	回归	模 拟 结 构	AIC	最优协变量
16	MPO1		$\Lambda \sim$ ENSO	94.5	
17	MPO2		$\Lambda \sim$ IOD	**92.5**	
18	MPO3		$\Lambda \sim$ IPO	92.9	
19	MPO4		$\Lambda \sim$ SAM	94.6	
20	MPO5		$\Lambda \sim$ ENSO+IOD	94.4	
21	MPO6		$\Lambda \sim$ ENSO+IPO	94.6	
22	MPO7	洪水频率使用	$\Lambda \sim$ ENSO+SAM	96.4	
23	MPO8	泊松回归	$\Lambda \sim$ IOD+IPO	93.1	IOD
24	MPO9		$\Lambda \sim$ IOD+SAM	94.4	
25	MPO10		$\Lambda \sim$ IPO+SAM	94.4	
26	MPO11		$\Lambda \sim$ ENSO+IOD+IPO	95.1	
27	MPO12		$\Lambda \sim$ ENSO+IOD+SAM	96.6	
28	MPO13		$\Lambda \sim$ ENSO+IPO+SAM	96.6	
29	MPO14		$\Lambda \sim$ IOD+IPO+SAM	95.1	
30	MPO15		$\Lambda \sim$ ENSO+IOD+IPO+SAM	97.0	

注 413 个流域使用的模型，皆通过最小 AIC 值选择最优水文模型及协变量。最后两列中表示以 IOD 为协变量的模型对昆士兰州巴库河流域的洪水量级/频率具有最小的 AIC 值，由此说明最优协变量。

通过 R 语言中 gamlss 包选择最优协变量[292]。

6.3.3 大气环流

采用季节性 850hPa 水平风的距平值以及 500hPa 垂直风的距平值的线性回归关系，分析澳大利亚地区大气环流对气候因子的响应，主导气候因子的公式为

$$W_i = \beta_0 + \beta_1 X_i + \varepsilon_i \qquad (6-7)$$

式中：W_i 为第 i 年的水平或垂直风速；X_i 为第 i 年气候因子的值；ε_i 为回归残差；β_1 为水平或垂直风速对气候因子单位变化的变化率。

6.4 季节性洪水量级/频率与气候因子间的关系

采用皮尔森相关系数评估气候因子与洪水量级的关系。图 6-3 展示了 95% 置信区间下，不同季节内具有显著相关性的洪水量级与气候因子的流域空间分布。图 6-3（a）~（d）为不同季节 ENSO 与洪水量级的相关关系。夏季，ENSO 通常与澳大利亚东海岸的洪水量级呈负相关关系；秋季，ENSO 与洪水量级的相关性较弱，在澳大利亚北部表现为负相关，而在东南部呈正相关；冬季，ENSO 与洪水量级呈负相关关系。ENSO 与洪水量级的相关性在春季时最为显著。总体而言，春季有 162 个流域的 ENSO 与洪水量级的相关性显著，而夏季、秋季及冬季分别有 29 个、27 个及 56 个流域具有显著相关

关系。ENSO 与洪水量级具有显著相关关系的流域集中分布于澳大利亚东部。

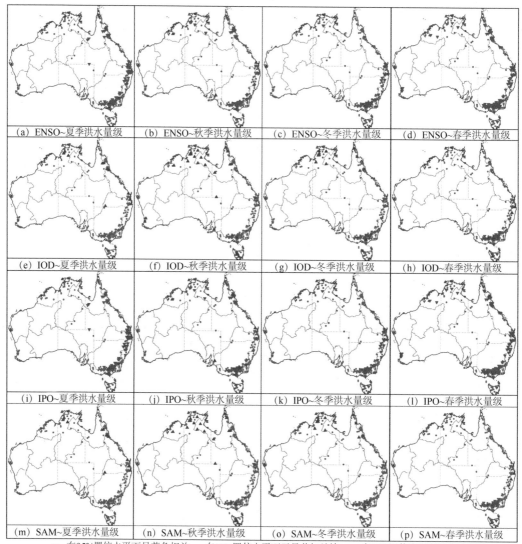

▼ 在95%置信水平下显著负相关　· 在95%置信水平下无显著相关性　▲ 在95%置信水平下显著正相关

图 6-3　各季节洪水量级与气候因子的相关性空间分布图

图 6-3 (e)～(h) 展示了 IOD 与洪水量级的相关性。夏季，IOD 与洪水量级呈微弱负相关；秋季，澳大利亚东部地区观测到两者具有显著的负相关关系；冬季和春季时，澳大利亚西部和东南角两区域均出现了强负相关。图 6-3 (i)～(l) 表明，IPO 与洪水量级的相关性在各季节的空间分布相对一致，在澳大利亚东南部，两者呈显著正相关，而北部地区普遍为负相关。图 6-3 (m)～(p) 展示了 SAM 与洪水量级的关系。SAM 与洪水量级的相关性相对较弱，但当春季时，澳大利亚东南角及东部边缘发现两者呈显著正相关。

图 6-4 显示了在 95% 的置信区间下，气候因子和洪水频率相关性显著的站点空间分

布。气候因子与洪水频率的关系和气候因子与洪水量级的关系在各个季节的空间分布十分相似，两者均具有明显的空间集聚关系。这表明，由气候因子影响诱发的极端洪水很可能通过聚集发生，并且伴随更大的洪水量级与更高的洪水频率趋势同时出现，这无疑是对洪水防灾减灾工作的一大挑战。

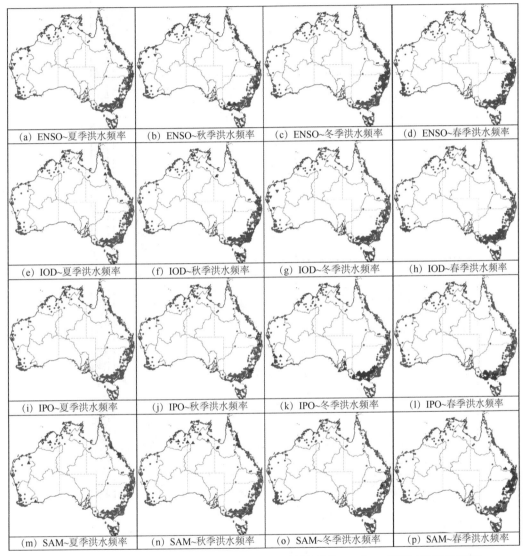

▼ 在95%置信水平下显著负相关　• 在95%置信水平下无显著相关性　▲ 在95%置信水平下显著正相关

图6-4　各季节洪水频率与气候因子的相关性空间分布图

综上，不同季节的气候因子和洪水量级/频率在时空上的相关性具有显著的空间一致性。此外，各气候因子影响的流域也展示出合理的空间一致性，这也说明所评估的相关性的结果并不是简单随机产生的（图6-5）。

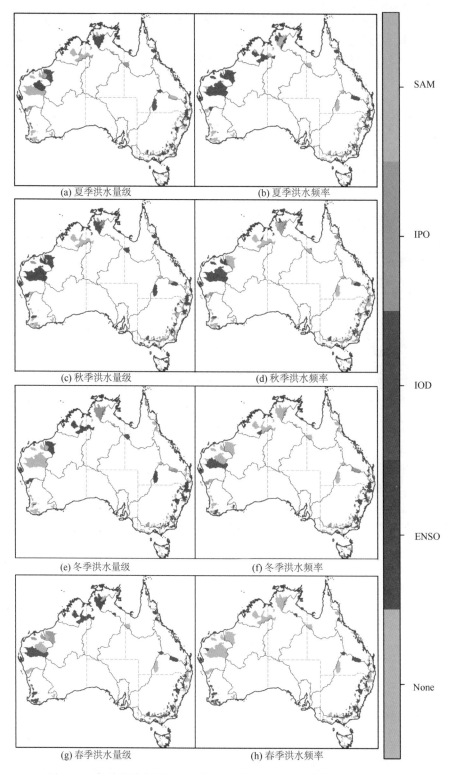

图 6-5　各季节洪水量级、频率与气候因子相关性显著流域空间分布图

此外，本章进一步统计了各流域片区气候因子与洪水量级/频率相关性显著的流域比例（图6-6）。由图6-6（a）可知，夏季时，各气候因子与洪水量级的相关性均较弱，然而就地理位置而言，除塔纳米-帝汶海岸的IOD与洪水量级、塔斯马尼亚的SAM与洪水量级相关性显著的流域比例较高以外，其余地区ENSO均与洪水量级的相关性最大。

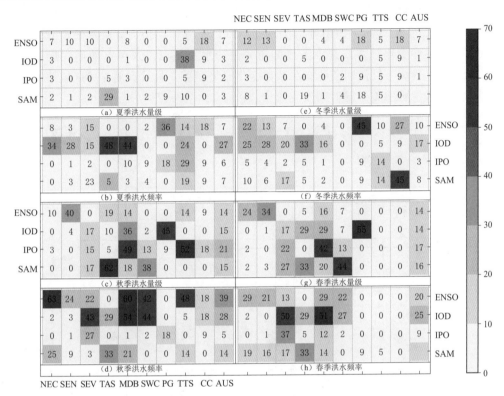

图6-6　各季节洪水量级、频率与气候因子相关性显著流域占比
（仅统计超过10个水文站的流域片区）

秋季，澳大利亚7％流域的洪水量级与ENSO和SAM呈显著相关，6％流域的洪水量级与IPO显著相关，而与IOD显著相关的流域占比为27％。洪水量级与IOD相关性显著流域主要分布于印度洋附近（塔纳米-帝汶海岸）以及澳大利亚东南部的几个流域片区，如东北海岸、东南海岸、塔斯马尼亚和墨累-达令流域等流域片区。在这些流域片区内，洪水量级与IOD显著相关的流域比例高于其余地区。

冬季，澳大利亚14％的流域洪水量级与ENSO为显著的相关关系，15％的流域与IOD和SAM显著相关，21％的流域与IPO显著相关。春季，澳大利亚39％的流域与ENSO显著相关，28％的流域与IOD显著相关，5％的流域与IPO显著相关，14％的流域与SAM显著相关。图6-6（e）～（h）为各季节气候因子与洪水频率具有显著相关性的流域比例，其结果与洪水量级的结果相似。

一般来说，ENSO对洪水量级/频率变化具有最强烈的影响，其次为IOD。这与Risbey等[253]针对澳大利亚地区5个气候因子对降水影响的研究中，发现春季ENSO是影响降水变化主导因素的结果相似。

6.5　洪水量级/频率关系与气候因子的时间变化

气候因子的影响强度随时间变化[294]，其与水循环相关的关系也各不相同。本章使用曼-肯德尔趋势检验法评估气候因子与洪水量级/频率关系的时间变化趋势。以 15 年（1977—1991 年与 1996—2010 年）为移动窗口，通过移动相关分析技术，分析气候因子与洪水的相关性变化趋势，其中无显著相关性的水文站点以灰色点的形式展示。由图 6-7可知，洪水量级与气候因子的相关系数变化趋势显著，且具有明显的区域差异，表明气候因子与洪水量级的关系随时间发生变化。

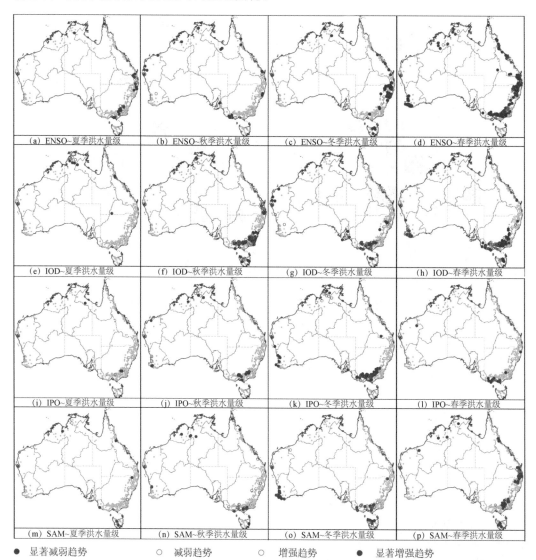

图 6-7　基于 1977—1991 年及 1996—2010 年的 21 年移动窗口，
各季节气候因子与洪水量级间的相关强度变化

春季，澳大利亚东部及北部的洪水量级与 ENSO 的相关性呈增加趋势，而东南角呈减小趋势。澳大利亚西南部及东南角附近洪水量级与 IOD 的相关性呈增加趋势，洪水量级与 IPO 的相关性在各季节均不断增强。冬季和春季，澳大利亚南部和塔斯马尼亚洪水量级与 SAM 相关性呈减弱趋势，而春季时在澳大利亚北部两者相关性增强。洪水频率与气候因子间的关系与其相似（图 6 - 8）。此外，本章还通过使用 21 年的移动窗口（1977—1997 年及 1990—2010 年）检验气候因子和洪水频率的相关性变化趋势，结果与使用 15 年移动窗口非常相似（图 6 - 7）。

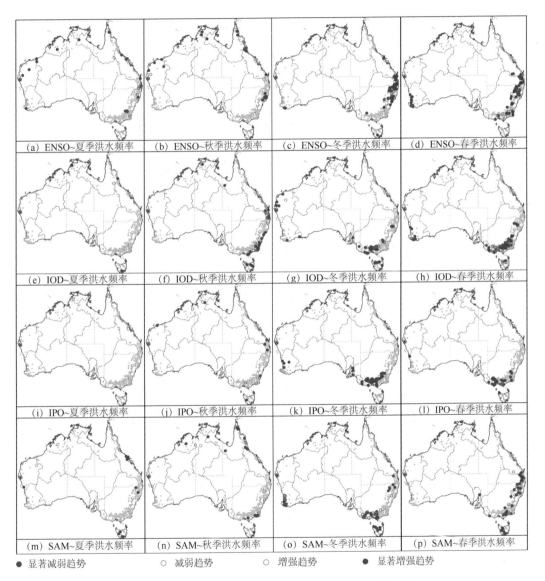

● 显著减弱趋势　　　　○ 减弱趋势　　　　○ 增强趋势　　　　● 显著增强趋势

图 6 - 8　基于 1977—1991 年及 1996—2010 年的 21 年移动窗口，
各季节气候因子与洪水频率间的相关强度变化

6.6 相关关系的物理机制

上文已在时空分布两方面检验气候因子与洪水量级/频率的相关性，然而不同季节诱发洪水变化的主导气候因子还未确认。因此，本章使用 GAMLSS 模型进一步选择洪水量级与洪水频率变化的最优协变量。结果表明，最优气候因子的时空分布（图 6-9 和图 6-10）与上文的相关关系的模式（图 6-3 和图 6-4）大体相似。图 6-11 展示了各个季节中，以各气候因子为最优协变量的水文站数量。由图 6-11 可知，ENSO 为夏季洪水量级/频率变化的最优协变量，IOD、IPO 与 ENSO 分别为秋季、冬季及春季洪水变化的最优协变量，该结果与图 6-6 结果一致。

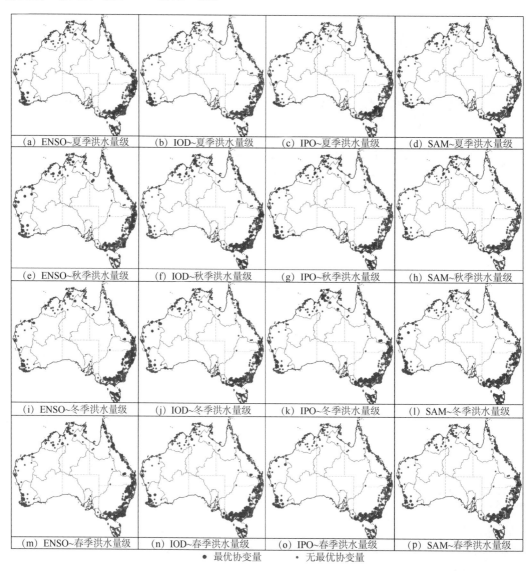

图 6-9　由 GAMLSS 模型选择的洪水量级与气候因子最优协变量相关性的空间分布

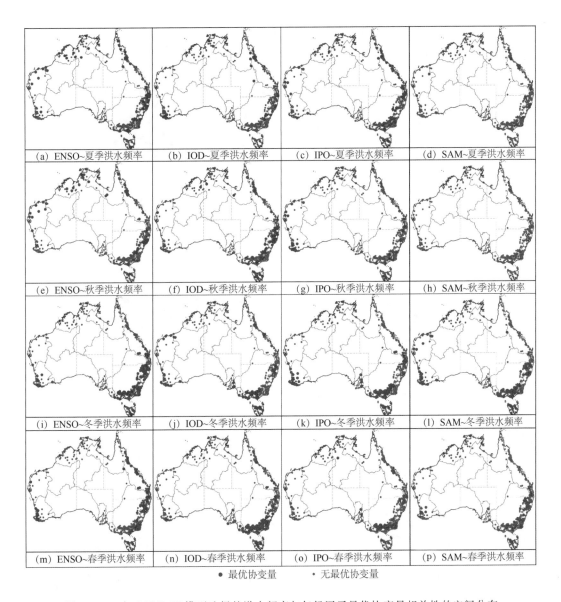

(a) ENSO~夏季洪水频率　　(b) IOD~夏季洪水频率　　(c) IPO~夏季洪水频率　　(d) SAM~夏季洪水频率

(e) ENSO~秋季洪水频率　　(f) IOD~秋季洪水频率　　(g) IPO~秋季洪水频率　　(h) SAM~秋季洪水频率

(i) ENSO~冬季洪水频率　　(j) IOD~冬季洪水频率　　(k) IPO~冬季洪水频率　　(l) SAM~冬季洪水频率

(m) ENSO~春季洪水频率　　(n) IOD~春季洪水频率　　(o) IPO~春季洪水频率　　(p) SAM~春季洪水频率

● 最优协变量　　　　· 无最优协变量

图 6-10　由 GAMLSS 模型选择的洪水频率与气候因子最优协变量相关性的空间分布

为揭示气候因子与洪水量级/频率关系的潜在机理，采用 NCEP/NCAR 再分析数据集[57]中季节性 850hPa 水平风速距平值以及 500hPa 垂直风速距平值检验气候因子与其驱动因素之间的因果关系。图 6-12、图 6-13 分别展示了 850hPa 水平风速距平（箭头，m/s）及 500hPa 的垂直风速（阴影，P/s）距平与不同季节主导气候因子（ENSO 为夏季洪水变化主导气候因子、IOD 为秋季主导气候因子、IPO 为冬季主导气候因子及 ENSO 为春季主导气候因子）的回归系数与 F 检验结果。其中，黄色区域表示空气以下沉运动为主，蓝色区域表示空气以上升运动为主；图 6-13 中红色三角形及色块分别代表在

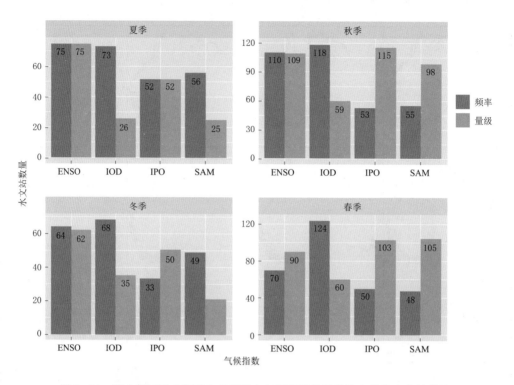

图 6 - 11　澳大利亚洪水频率和量级以各气候因子为最优协变量的水文站数量

95％置信区间下与气候因子相关的水平风速及垂直风速。

图 6 - 12 展示了 1967—2010 年间季节性水平风速距平（箭头）及季节性垂直风速距平（阴影部分）与不同季节主导气候因子的线性回归关系。其中，蓝色区域表示气压垂直速度（Pa/s）为负，即随气候因子的影响增强，空气以上升运动为主；而黄色区域表示气压垂直速度为正，即空气以下沉运动为主。空气的上升运动会导致大气云层变厚，降水增加，相反，空气的下沉运动将导致降水减少。线性回归的 F 检验如图 6 - 13 所示。

在 ENSO 的影响下，夏季澳大利亚东部、东南海岸带及西部大气以下沉运动为主，表明在 ENSO 正相位时，降水呈减少趋势。因此，垂直风速的距平值可很好地解释该地区夏季 ENSO 与洪水量级/频率的显著负相关性。

在 IOD 影响下，秋季澳大利亚南部海域出现异常反气旋，澳大利亚东南部由偏冷南风主导［图 6 - 12（b）］。此外，在澳大利亚东南部也发现了空气下沉运动，这说明，秋季降水随 IOD 值增加而减少，由此可解释澳大利亚东部地区 IOD 与洪水量级/频率的显著负相关性。相反，东海岸北部空气以上升运动为主，塔纳米-帝汶海岸北部主要由来自帝汶海的温暖湿润的北风控制，使该区域降水增加，从而可解释 IOD 与洪水量级/频率间的正相关性。虽然在 IOD 影响下，东海岸南部也受空气上升运动的控制，但是该地区洪水变化并非以 IOD 为主导因子。因此没有发现相应的正相关关系［图 6 - 9（f）］。

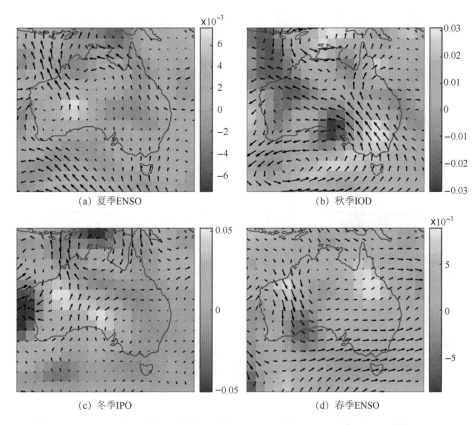

图 6 - 12　850hPa 水平风速距平（箭头，m/s）及 500hPa 垂直风速（阴影，P/s）
距平与各季节主导气候因子回归系数空间分布图

在 IPO 影响下，澳大利亚东部及西南海岸西部区域冬季时大气以上升运动为主［图 6 - 12（c）］。这说明 IPO 正相位时这些地区的降水趋于增加，和 IPO 与洪水量级/频率呈正相关的结论一致。相反，澳大利亚北部微弱空气下沉运动将会导致降水减少，和该地区 IPO 与洪水变化呈负相关关系一致。

春季，由于澳大利亚大部分地区受 ENSO 影响加强，导致空气下沉运动增加。与此同时，在 ENSO 的影响下，澳大利亚西南部受来自内陆的干燥北风控制，而澳大利亚东部则受来自内陆的盛行西风控制，导致春季 ENSO 正相位时，降水和洪水均趋于减少［图 6 - 12（d）］。

总的来说，利用主导气候因子与水平风及垂直风异常的时空分布模式能够很好地解释气候因子与洪水量级/频率的关系，表明澳大利亚的洪水变化与气候系统密切相关。气候因子通过影响大气环流，进而影响洪水量级/频率变化。另外，海表温度变化也是影响极端降水变化及洪水事件的关键要素[129,281,295-296]。然而由于洪水产生受降雨强度、前期土壤湿度、流域面积、流域土壤性质和流域坡度等多种因素影响，气候因子影响下的大气环流仅是导致洪水变化大尺度控制因素之一。

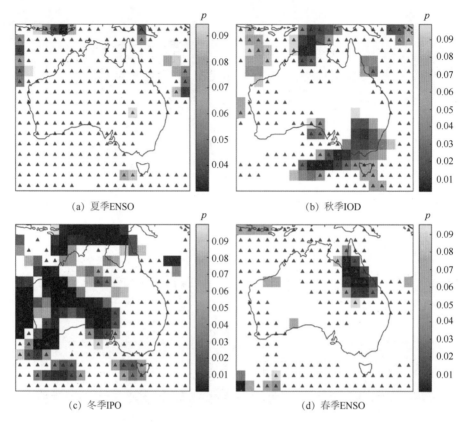

图 6-13　850hPa 水平风速距平（箭头，m/s）及 500hPa 垂直风速距平（阴影，P/s）的线性回归模型的 F 检验

6.7　讨论

目前已有诸多针对澳大利亚不同地区气候因子对气候系统影响的研究，其研究成果表明，气候因子对降水、气温及径流的变化发挥着重要作用[22,229,273,285]。然而，探讨气候因子对洪水变化的影响及其背后物理机制的研究仍有限。基于此，本章深入分析 4 个气候因子与季节尺度洪水量级/频率的关系。研究表明，洪水量级/频率变化与气候因子的相关关系及强度在不同地区和季节存在明显差异，这些时空差异可通过由气候因子驱动的大气环流变化解释。

上两节的研究结果表明澳大利亚不同流域片区的洪水富集期各不相同：在澳大利亚北部，洪水富集期主要发生于 1—3 月；而在西南部及东南部，洪水富集期则集中于 7—9 月[171]。ENSO 主要影响澳大利亚东部和北部地区的洪水量级/频率，与先前对气候因子与降水的关系研究结果一致。例如，Wang 等[297]发现澳大利亚东部降水与中太平洋海表温度显著相关。Pui 等[252]进一步指出，ENSO 是澳大利亚东部降水变化的主要影响因素。Risbey 等[253]也表明，ENSO 对澳大利亚东部和北部地区降水具有重要影响，其中，对冬季和春季时澳大利亚东部降水影响最为显著。

IOD 对澳大利亚东部气候变化具有重要作用，其中，IOD 正相位时，澳大利亚东南部及西南部降水减少[255,276]，与本章的研究结果一致。

IPO 对维多利亚州径流变化和新南威尔士州洪水风险均具有影响[22,272]。澳大利亚东南部 IPO 与洪水量级/频率之间主要为正相关，与 Pui 等[254] 及 King 等[272] 的研究结果一致。

尽管 SAM 与洪水量级/频率之间的相关性较弱，但春季时，在澳大利亚东部及东南部发现两者的强相关性，与先前研究结果一致。例如，Cai 等[229] 指出 SAM 对澳大利亚的气候影响有限。Risbey 等[253] 发现，当 SAM 正相位时，澳大利亚东部特别是东南部海岸的春季降水增加。Hendon 等[257] 发现 SAM 与降水在春季具有正相关关系，而在澳大利亚的西南角及南部地区，SAM 与冬季降水呈负相关性（如图 6-20 的结果所示）。

此外，气候因子与洪水频率的相关性还可能受洪水阈值选择的影响。第 5 章选择每年平均 0.5、1、2 及 3 次洪水事件作为阈值，调查了气候因子对洪水聚集性及不同阈值的洪水频率的影响。研究结果表明，随着洪水阈值的增加，ENSO 与 SAM 对洪水频率的影响将会减弱，而 IOD 与 IPO 的影响会增加。尽管如此，气候因子对不同阈值的洪水频率的影响具有相似的空间分布特征。

本章所选的水文站基本位于河流上游地区，受人为活动影响较少。因此，洪水变化主要受气候变化的影响，洪水与气候因子之间具有稳健的分析关系。然而，本章所使用的数据时间长度相对较短，仅包含 1976—2010 年这 35 年的数据。此数据集的优点在于所有站点时间覆盖一致，然而由于数据时间长度较短，研究结果可能具有不确定性。为进一步确认本章的结果及结论，另外使用了由澳大利亚气象局提供的包含更长时间序列的气象水文数据集（http：//www.bom.gov.au/water/hrs/）。该数据集包括 222 个未受人为干扰的流域，径流序列更新至 2015 年，本章从中选取了观测时长不短于 45 年的 127 个站点数据（45~60 年）。图 6-14 为采用时间序列更长的 127 个流域数据所评估的洪水量级与气候因子相关系数空间分布图，对比图 6-14 与图 6-3 可以发现，使用两套数据集的结果差异较小，说明洪水与气候因子的关系较为稳定。然而，使用 127 个流域数据（图 6-15）所获得的相关性强度变化趋势空间分布与图 6-5 显示的结果有较大不同。由于选择时间序列长度对趋势分析有重要影响，不同时间序列相关性变化趋势存在差异不可避免。因此，使用覆盖时间范围更长的数据集可进一步确定澳大利亚洪水与大尺度气候因子之间的相关性。

本章通过研究不同季节主导气候因子影响下的大气环流变化，探究气候因子与洪水变化的关系。Ummenhofer 等[251] 发现，在拉尼娜时期，澳大利亚 9 月至次年 2 月由海向陆的水汽传输速度加快，空气上升运动增强，导致澳大利亚东北部降水增加，该结论与本章研究结果相似。本章研究表明，ENSO 负相位时，澳大利亚东北部春季垂直风速增强，同时还伴随有来自海洋的盛行东风带来的暖湿气流。

Cai 等[298] 发现，IPO 正相位往往伴随空气对流上升运动以及沃克环流向东移动，从而导致澳大利亚东部降水增加，与本章的研究结果一致，即 IPO 正相位时，澳大利亚东部空气以上升运动为主，致使 IPO 与洪水变化在澳大利亚东部呈正相关关系。与此同时，本章还发现，澳大利亚北部受到 IPO 正相位引起的空气下沉运动影响，冬季降水减少，

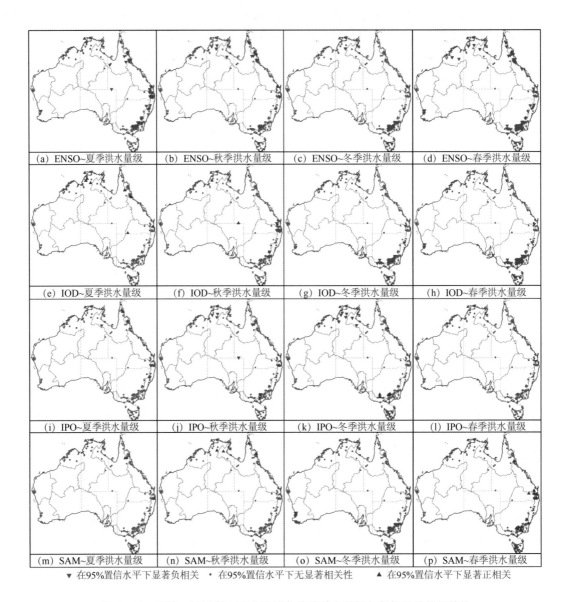

(a) ENSO~夏季洪水量级　(b) ENSO~秋季洪水量级　(c) ENSO~冬季洪水量级　(d) ENSO~春季洪水量级

(e) IOD~夏季洪水量级　(f) IOD~秋季洪水量级　(g) IOD~冬季洪水量级　(h) IOD~春季洪水量级

(i) IPO~夏季洪水量级　(j) IPO~秋季洪水量级　(k) IPO~冬季洪水量级　(l) IPO~春季洪水量级

(m) SAM~夏季洪水量级　(n) SAM~秋季洪水量级　(o) SAM~冬季洪水量级　(p) SAM~春季洪水量级

▼ 在95%置信水平下显著负相关　· 在95%置信水平下无显著相关性　▲ 在95%置信水平下显著正相关

图 6-14　1951—2014 年 127 个流域各季节洪水量级与气候因子的相关性

导致冬季时洪水随 IPO 的增加而减少。

　　各季节洪水变化除受主导气候因子影响外，其余的气候因子也对洪水量级/频率具有影响，不同气候因子通过相互叠加或抵消相互作用[253]。例如，ENSO 与其他的气候因子特别是 IOD 具有较强的相关性[288]。因此，下一步需要更深入的研究气候因子间的关系及其对洪水的影响。然而，由于气候因子对洪水的影响随时间变化而变化，不同气候因子在不同季节对洪水变化的影响也存在明显的空间差异。例如，在冬季时，ENSO 主要影响澳大利亚东部的洪水，而 IOD 主要影响澳大利亚东南部及西部的洪水。因此，若考虑气候因子间的相互作用，应更多关注不同气候因子影响区域的差异。

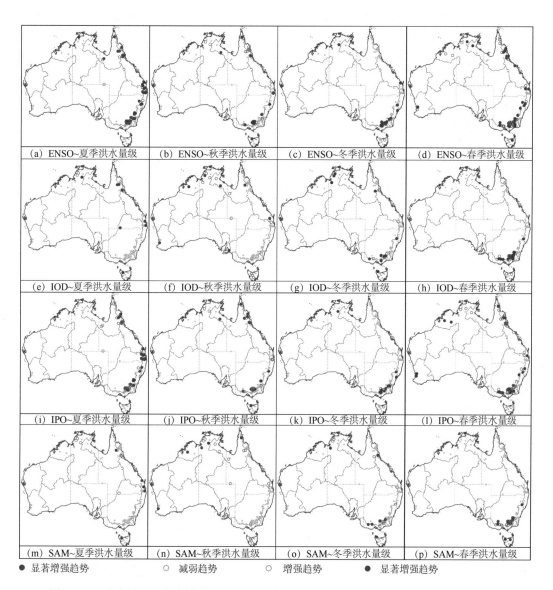

● 显著增强趋势　　　　○ 减弱趋势　　　　○ 增强趋势　　　　● 显著增强趋势

图 6-15　选定的 127 个流域在 1951—2014 年间，基于 1951—1964 年及 2000—2014 年的
15 年移动窗口下各季节气候因子与洪水量级相关强度变化

6.8　本章小结

　　本章通过选取澳大利亚受人类活动干扰较小的流域数据，首次定量评估 4 个大尺度气候因子对不同季节洪水量级/频率变化的影响。结果表明，与太平洋和印度洋相关的气候因子对澳大利亚洪水量级和频率具有显著的影响。

　　其中，ENSO 主要影响澳大利亚东部及北部的洪水变化，在 ENSO 正相位时，夏季、秋季及春季的洪水量级和频率均呈减少趋势。IOD 正相位时，澳大利亚东南部秋季、冬季及春季洪水量级减少。IPO 强烈影响澳大利亚东南部、西南部及西北角秋季和冬季的洪水变化。SAM 主要影响澳大利亚南部（特别是塔斯马尼亚地区）的洪水变化。

气候因子与洪水变化的关系因时而异。ENSO 与洪水量级的相关系数在澳大利亚北部呈显著增加趋势，而在东南角呈减少趋势。IPO 与洪水量级的相关性在一年中均呈显著增加趋势。各主导气候因子影响下的大气环流变化可以很好地解释气候因子与洪水量级和频率之间的关系。理解气候因子与洪水量级/频率之间的关系，有助于洪水风险评估机构制定洪水防灾减灾的方案。

采用 GAMLSS 模型检测各季节洪水变化的主导气候因子。结果表明，ENSO 是春季和夏季洪水变化的最优协变量，而 IOD 和 IPO 分别为秋季和冬季洪水变化的最优协变量。此外，气候因子与洪水量级及频率变化的潜在关系可通过主导气候因子影响下的大气环流变化解释。深入探讨影响洪水变化的物理机制对提高洪水变化预测的准确性具有重要意义。

第7章 天然流域洪水的多维时空
变化特征及其集合预估

7.1 概述

在澳大利亚，洪水造成的生命损失超过其他任何自然灾害。每年由于洪水导致的经济损失和财物损害超过了 4 亿美元。近几十年来，澳大利亚深受洪灾侵害，如在 1974 年和 2011 年发生的洪灾导致了高达数百万美元的经济损失[299]。然而，在气候变化下洪水的特征是否真正发生了变化？这个问题尚待解决。

事实上，气候变化在很大程度上影响着水文循环的各个方面[300]。日益增强的水文循环导致洪水发生频率和量级明显上升[77,97]。近年来，许多研究已基于观测/模型模拟探索不同地区气候变化对洪水的影响，如中国[175,189]、美国[28-29]、欧洲[301] 以及澳大利亚[171,302]。然而，对于同一地区的洪水变化，不同研究可能会得出差异较大甚至完全相反的结论[28-29]。例如，Mallakpour 等[29]的研究表明美国中部洪水频率呈显著增加的趋势，而 Archfield 等[28] 在 2016 年调查到美国中部洪水频率的变化趋势存在较大的空间差异。

联合国政府间气候变化专门委员会（IPCC）在 2013 年的报告中指出，由于缺乏有效数据，目前很难准确判断全球尺度下洪水量级和频率的变化趋势[18]。观测资料有限以及各地区地表水文过程较复杂是缺乏数据的主要原因。洪水变化的复杂性主要受气候（例如，热带气旋、雷暴系统和温带系统）与人类活动（如人口、土地利用、基础设施）之间复杂的相互作用所影响[27]。因此，明确洪水变化是否由气候变化所致，是当前研究的重点与难点[17]。

澳大利亚洪水多变性的时空特征也与大规模气候指数的影响有关。厄尔尼诺-南方涛动（ENSO）、印度洋偶极子（IOD）、南极涛动（SAM）和太平洋年代际振荡（IPO）等气候指数对澳大利亚的气候变化均具有重要影响[197,173,231]。澳大利亚 1981—2014 年期间降水的线性趋势主要归因于 ENSO 和 IOD。澳大利亚东部的夏季极端降水与 SAM 相关，在 SAM 正相位，该地区趋于湿润和凉爽[173]。在数十年的时间尺度上，与 IPO 负相位相比，澳大利亚的气候在 IPO 正相位趋于"干燥"[21]。IPO 可调节 ENSO 与澳大利亚气候变化之间的关系[262]。在澳大利亚，IOD、SAM 和 IPO 对气候变化的影响已得到证实；然而，ENSO 被认为是澳大利亚气候变化背后的主导因素[197]。Liu 等[303]分析了洪水多变性与上述四个气候指数之间的关系，并指出澳大利亚洪水多变性受到 ENSO 的主导影响。Wasko 等[44]考虑 ENSO 在澳大利亚连续随机降水模拟中的影响并建立了随机 Bartlett Lewis 模型，进而对观测到的降水统计数据和流域先行条件进行了重现。

已有研究通常使用年最大值抽样法（AMS）提取受气候改变所影响的澳大利亚洪水

数据，但这个方法没有分离人类活动的影响[13,302]。AMS 的定义为一年内出现的最大一日径流量，该值仅能反映每年最大洪水的量级变化。一年之内可能出现了多次洪水事件，但AMS 仅考虑一次。实际上，一年中最大一日径流量可能并不足以形成为一次洪水事件，而 AMS 却会将其视作洪水事件；此外，一年中可能发生不止一次洪水，AMS 仅会提取量级最大的一次。由于缺乏天然流域的长期记录数据，气候变化对洪水量级和频率的影响置信度较低。基于此，本研究使用了来自澳大利亚 780 个天然流域 30 多年的洪水记录，以调查整个澳大利亚各个自然地理和气候区域的洪水事件特征，包括洪水量级、体积、频率和历时。为了避免 AMS 的局限，采用洪峰超阈值采样法（POT）获取 4 个洪水特征，并对 4 种洪水特征进行分类。此前尚未有研究使用 POT 方法表征洪水特征并检验澳大利亚天然流域的多维洪水特征。评估多维洪水特征变化有助于理解历史情景和全球变暖趋势下洪水是否变得更频繁、历时是否更长以及量级是否更大等问题。

7.2　数据

7.2.1　观测数据

如图 7-1 所示[32]，澳大利亚可分为赤道、热带、亚热带、温带、草原、荒漠六个气候区。除荒漠地区外，本章收集了 1975—2012 年澳大利亚 780 个天然流域日流量数据（单位为 m^3/s）[49]。根据以下四个标准从澳大利亚的 4000 多个流域中筛选 780 个流

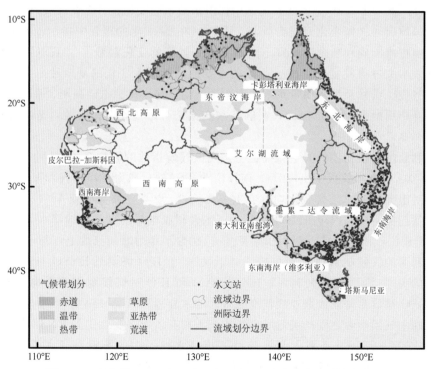

图 7-1　澳大利亚 780 个不受（或少受）人类影响的流域及气候区
和主要流域的空间分布图

域：①流域面积大于 $50km^2$；②流域不受大坝或水库等水利工程的调控影响；③流域不受灌溉和土地利用影响；④观测到的流量记录至少包含 1975—2012 年期间 3652 次日观测值（相当于 10 年），且数据质量符合澳大利亚统一标准。

利用新安江模型、SIMHYD 模型及 AWRA 水文模型的最优模拟值，填补流域缺失值[168,170,231]。对每个流域，最优模型为纳什系数（NSE）值最高的水文模型。通过提取各流域最优模型模拟的 NSE 值，得到 780 个 NSE 值的序列。这些流域的最佳模型模拟的第 10、第 50 和第 90 位 NSE 分别为 0.43、0.67 和 0.81，表明最佳模型的模拟效果可满足要求[303]。

Zhang 等[49]该数据集用于实验，以评估水文模型填补缺测值的能力，表明水文模型对缺测值的插补非常必要且对流量趋势的影响很小。

除日径流数据外，还收集了这 780 个流域的流域信息和流域属性，包括年总降水量空间分布、平均洪峰流量、灌溉土地利用率和土地利用强度比率（图 7 - 2）。使用 Priestley - Taylor 方程估算 5km 分辨率下的日蒸发量，输入 5km 网格气候数据集，包括日最高温度、日最低温、日太阳辐射量和日水汽压。澳大利亚 5km 网格化气象数据来自 SILO（http：//www.longpaddock.qld.gov.au/silo/）和 AWAP（http：//www.bom.gov.au/climate/data/）。使用网格尺度较大的数据难以在流域面积小于 $50km^2$ 的流域中充分表征流域降水，因此，仅对图 7 - 2 中黑线包围的 4 个流域进行模型模拟的性能评价。各气候区域流域属性统计汇总见表 7 - 1。

表 7 - 1　　　　　　　　　各气候区域流域属性统计汇总

地区	流域数量	平均面积 /km²	平均坡度	灌溉率 /%	土地利用强度比率/%	森林比率 /%	平均降水量 /mm	干旱指数
赤道	7	1263.60	1.12	0.00	0.00	0.20	1582.66	1.29
热带	77	4041.51	3.46	0.40	0.50	0.28	1371.09	1.64
亚热带	100	1705.91	4.32	1.16	1.45	0.48	1025.37	1.88
温带	531	568.66	4.82	0.59	1.14	0.55	924.75	1.47
草原	51	8523.78	1.73	0.05	0.36	0.11	542.34	3.61
沙漠	14	15046.62	1.42	0.00	0.08	0.04	309.48	5.60

7.2.2　模拟数据

本章利用 8 种水文模型（HMs）模拟全球的日径流量，而这 8 种模型由部门间影响模型比较计划（ISI - MIP）输出的 5 个气候模型（CMIP5）所驱动。洪水对于变化环境（如：全球变暖）的响应程度用模拟日径流量来进行评估[90,99-105,304]（表 3 - 1 和表 3 - 2）。在 ISI - MIP 中，每个水文模型都由 5 个 CMIP5 GCMs 的偏差校正输出所驱动。ISI - MIP 现已广泛应用于评估气候变暖对水文、气象和农业（如洪水、干旱、水资源可用性）的影响[40,175-176]。

由于 GCM 输出结果空间分辨率较低，在 ISI - MIP 中通过统计降尺度方法将其校正为统一的 $0.5° \times 0.5°$ 空间分辨率[88]。这种偏差校正可确保 1960—1999 年期间 GCM 输出

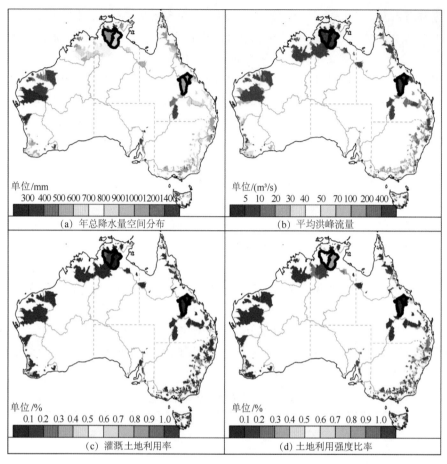

图 7 - 2　年总降水量空间分布、平均洪峰流量、灌溉土地利用率及
土地利用强度比率的流域属性数据

的长期统计数据与水全球变化实测数据（WATCH）保持一致[89-90]。本章使用了 40 个模拟（即 5 GCM×8 HMs）的 1971—2005 年历史情景下的日径流量以及典型浓度路径 2.6（RCP2.6）和 RCP8.5 背景下 2006—2100 年的日径流量。

7.2.3　ENSO 和 NCAR‐NCEP 再分析数据

　　本章使用 NOAA 气候预测中心（CPC）1951 年以来的月南方涛动指数（SOI）作为 ENSO。SOI 值＞1 定义为极端 ENSO 正相位，而 ENSO 值＜1 表示极端 ENSO 负相位（图 7‐3）。美国国家环境预测中心及国家大气研究中心（NCEP/NCAR）提供了 1948—2021 年的逐月风场和比湿。

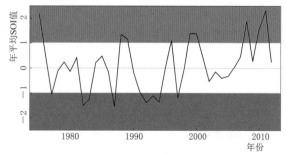

图 7 - 3　1975—2012 年期间的南方平均
涛动指数（SOI）

7.2.4　土壤水分数据

1948—2010 年期间的月土壤水分数据来自全球陆地数据同化系统（GLDAS）第 2 版产品。通过 NOAH 模型在四层（每层深度为 $0\sim0.1\mathrm{m}$、$0.1\sim0.4\mathrm{m}$、$0.4\sim1.0\mathrm{m}$ 和 $1.0\sim2.0\mathrm{m}$）中产生土壤水分（单位：mm），其空间分辨率为 $0.25^{\circ}\times0.25^{\circ}$。许多研究已经评估并接受了 GLDAS 土壤水分的性能[42]，然后将该数据用于干旱评估[250-251,292]。分别选择 $0\sim0.1\mathrm{m}$ 和 $0\sim1.0\mathrm{m}$ 层的表层和根区土壤水分，以分析整个澳大利亚流域的土壤水分变化。

7.3　方法

7.3.1　POT 采样

本章使用 POT 方法在水文年（即当年 7 月至次年 6 月）内对洪水和极端降水事件进行采样。利用 POT 获得的洪水事件的量级、体积、历时和频率的情况如图 7-4 所示。由图 7-4 可确定日径流高于阈值的洪水集群，并通过选择 POT 中的某个阈值，以便平均每

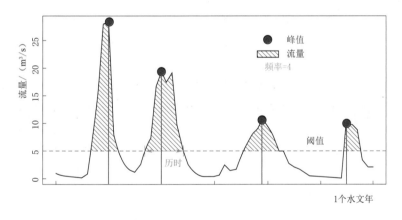

图 7-4　基于洪峰超阈值采样法（POT）采样获取的洪水特征图

年可从日记录中选取两个洪峰。将年、季节尺度下的洪水事件阈值与极端降水事件阈值的空间分布进行比较（图 7-5）。洪水事件的独立性由下列公式进行评估[235]：

$$
\begin{cases}
D > 5 + \log A \\
Q_{\min} < \dfrac{3}{4}\min(Q_1, Q_2)
\end{cases}
\tag{7-1}
$$

式中：D 为两个洪峰之间的时间间隔；A 为流域面积，m^2；Q_1 和 Q_2 为两个洪峰的大小，m^3/s。利用 Mann - Kendall 趋势分析洪水和暴雨事件中多变量特征的单调趋势[184-185]。

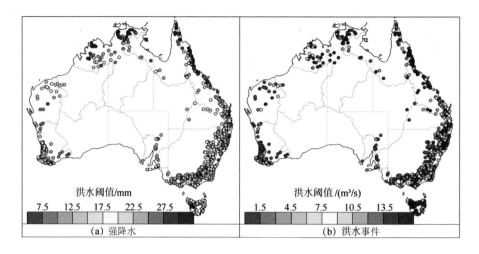

图 7-5 极端降水和洪水事件中 POT 采样阈值的空间分布

7.3.2 ENSO 对洪水的影响

相关研究指出，洪水变化可能与大尺度气候涛动[63,268]有关。通常情况下，大尺度气候涛动可用 ENSO、IOD、SAM、IPO 等气候指数表示，且已证实它们对澳大利亚的洪水变化有显著影响[27,33]。本章计算了洪水事件与气候指数（例如 ENSO）之间的相关性。从 POT 采样中获得的洪水事件均使用量级、体积和历时描述。利用每个洪水事件的洪峰值出现的月份和年份匹配月 ENSO 值的月份和年份，使洪峰值与 ENSO 值具有相同的重合长度。利用 Spearman 相关性分析法评估洪水事件（包括量级、体积和历时）与 ENSO 之间的相关性。通过对比洪水事件的量级、体积和持续时间分别与 ENSO、IOD、SAM 和 IPO 的滞后 0~6 显著相关的分数，并统计具有显著相关性的站点数（即图 7-6 纵坐标）与总站点数的比例，得到 ENSO 指数与洪水序列显著相关的站点数量最多（图 7-6）。因此，通过量化 ENSO 极端正负相位时，洪水量级、体积、频率和历时之间的差异来评估 ENSO 对洪水的影响。通过 Student-t 检验法检验其在 0.05 显著性水平上是否存在显著差异。

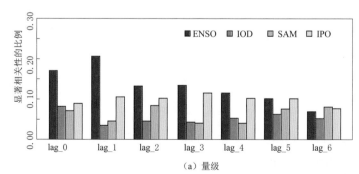

（a）量级

图 7-6（一） 洪水事件的量级、体积和历时分别与 ENSO、IOD、SAM 和
IPO 的滞后 0~6 显著相关的分数

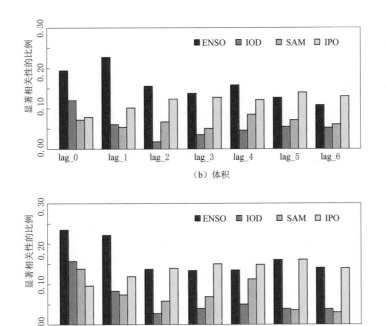

图 7-6（二）　洪水事件的量级、体积和历时分别与 ENSO、IOD、SAM 和
IPO 的滞后 0~6 显著相关的分数

本章使用 850hPa 的风场，计算整层水汽输运（IVT），并以此解释洪水事件与 ENSO 的关系。IVT［单位：kg/(m/s)］是描述输送到某个位置的水汽总量，通过 NCEP - NCAR 再分析数据集[63,305]得出不同大气水平下的比湿、水平风、垂直风的数据，再基于这些数据进行计算，计算公式如下：

$$IVT = \sqrt{\left(\frac{1}{g}\int_{\text{surface}}^{300} qu\,\mathrm{d}p\right)^2 + \left(\frac{1}{g}\int_{\text{surface}}^{300} qv\,\mathrm{d}p\right)^2} \tag{7-2}$$

式中：q、u、v 分别为比湿度，kg/kg；g 为重力加速度，m/s²；p 为压力。

7.3.3　洪水预估归一化处理

通过 RCP2.6 和 RCP8.5 下的 ISI - MIP 模拟的归一化指标评估洪水的未来变化。利用 POT 抽样法提取 1971—2100 年间每个区域网格中洪水事件的量级、频率和历时的数据。1976—2005 年和 2070—2099 年期间，这些数据的平均值分别被定义为 Q_{20C} 和 Q_{21C}。归一化指标计算公式如下[75]：

$$\Delta Q = \frac{Q_{21C} - Q_{20C}}{Q_{21C} + Q_{20C}} \tag{7-3}$$

其中，ΔQ 范围为 -1~$+1$。大于（小于）0 表示在变暖气候下洪水特征的增加（减少）趋势。

7.4　结论

7.4.1　洪水特征变化

图 7-7 为澳大利亚多维洪水特征变化趋势空间特征。其中，右图"Ⅰ"（"Ⅱ"）标记的浅蓝色（浅红色）线分别表示赤道和热带（温带）气候区的区域平均值的变化。深色直线是相应区域平均值的趋势，实线表示变化趋势显著（$p<0.05$），虚线表示变化趋势不显著。蓝色（红色）数字是蓝色（红色）直线的坡度，其单位分别为 $m^3/(s \cdot a)$（量级）、m^3/a（体积）、events/a（频率）和 d/a（历时）。

除洪水历时外，大多数流域的其他洪水特征未发现显著变化趋势，其中洪水量级、体积、频率和历时变化趋势不显著的流域占比分别为 82.8%、81.9%、79.1% 和 26.8%。

洪水特征显著增加的流域主要位于澳大利亚北部，特别是在赤道和热带地区（图 7-1 和图 7-7）。该地区的极端降水特征也呈上升趋势（图 7-10）。与此同时，位于澳大利亚南部，特别是温带地区流域的洪水特征呈下降趋势，但该地区的极端降水特征趋势不降反增（图 7-10）。

本节进一步评估了赤道、热带地区（澳大利亚北部）和温带地区（澳大利亚南部）洪水事件区域平均值的时间变异性（图 7-7）。结果表明，差异性的变化（即澳大利亚北部的所有洪水特征均呈增加趋势，而澳大利亚南部的所有洪水特征均呈减少趋势）更加明显。在澳大利亚北部，洪水体积和历时都呈明显增加趋势（洪水体积 $+129m^3/a$，历时 $+0.56d/a$；两者均达到 0.05 显著性水平）。除此之外本研究观测到温带地区所有洪水特征均下降（特别是频率和历时，斜率分别为 -0.02 事件/a 和 $-0.21d/a$；二者均达到 0.05 的显著性水平）。Ishak 等也发现该地区的洪水量级明显下降[172,226]。

为探讨洪水特征变化的潜在空间相似性，将洪水的量级、体积、频率和历时的增减模式分为三类：①所有洪水特征均无显著变化趋势（NC，无变化）；②所有洪水特征均呈显著增加趋势（AI，全部增加）；③所有洪水特征均呈减少趋势（AD，全部减少）（图 7-4）。利用 Kendall tau 值测量洪水事件的量级、体积、频率和历时的变化，并根据洪水量级、体积、频率和历时 4 个特征的 Kendall tau 值，使用分层聚类法对其进行分类（图 7-9）。Kendall tau 值为负表示洪水特征降低，反之亦反。在该聚类中用于评估聚类结构的聚集系数为 0.9949（最大值为 1），聚类效果极佳。

NC 组明显缺乏空间集聚特征，占流域的 35.1%。NC 组的流域散布于整个澳大利亚地区 [图 7-8 (a)]。NC 组显示所有洪水特征均有降低的趋势，如 Kendall tau 值的负中位数所示，尽管其中很少具有统计上的显著性。19.7% 的流域被归为 AI 组，其中大多数流域位于澳大利亚北部。除了洪水事件的发生频率外，超过 50% 流域的其他洪水特征的 Kendall tau 值都大于 0.15（显著性水平为 0.1）[图 7-8 (b)]。在这三个组中，AD 组的流域数量最多（即 45.1%），且具有最明显的空间集聚特征。AD 组大多分布于澳大利亚南部流域 [图 7-8 (c)]。AD 组洪水事件的量级、体积、频率和历时普遍减少，该组中超过 50% 的流域在所有洪水特征中的 Kendall tau 值均小于 -0.15。各洪水特征中基于流

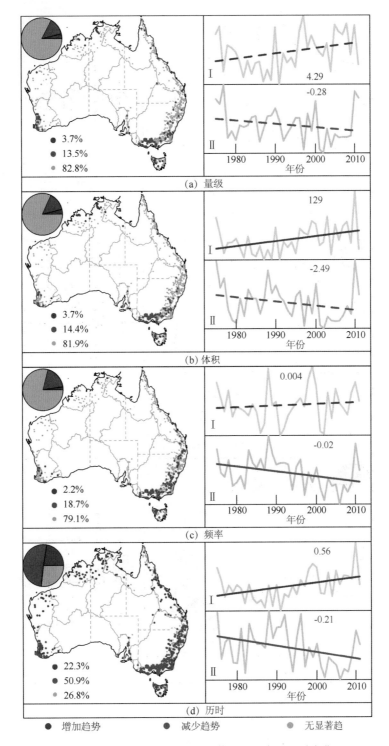

图 7 - 7 澳大利亚洪水量级、体积、频率和历时变化

域和区域变化与基于这些变化的多维性质的聚类分析结果相符合。结果有效证实了澳大利亚北部和澳大利亚南部天然洪水的差异性变化。

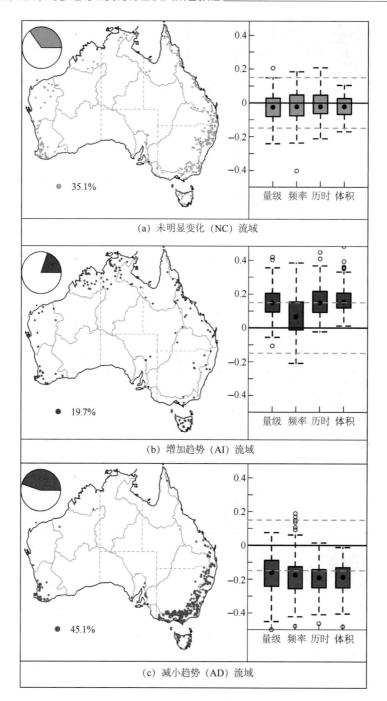

图 7 - 8　1975—2012 年间，(a) 不变（NC）组 (b) 全部增加（AI）组
及（c）全部下降（AD）组洪水量级（Mag.）、频率（Fre.）、
历时（Dur.）和体积（Vol.）变化

在澳大利亚北部，洪水特征和极端降水之间的变化高度一致（图 7 - 7 和图 7 - 10）。极端降水的量级显著增加 0.05mm/a，体积增加 5.19mm/a，频率增加 0.07 事件/a，历

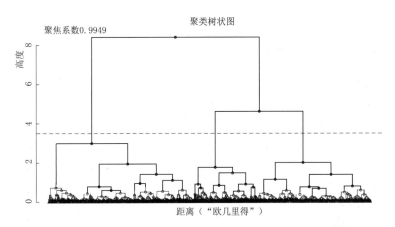

图 7-9 确定用于对洪水事件中的相似特征进行分类的组

时增加+0.11d/a（图 7-10）。在澳大利亚北部大多数流域，气候变化（如湿润和干旱）的特征如平均长度和最大长度在时间上是稳定的，其区域平均值也是如此（图 7-11）。这些结果表明，极端降水事件在澳大利亚北部的洪水产生过程中起着重要作用。

极端降水的增加可能不足以解释澳大利亚北部洪水的增加，因为洪水对极端降水的反应取决于水文条件和流域的湿润状态[41]。计算洪水事件发生前 90d 和 180d 的前期储水量（即：降水量减去蒸发量），以分析前期水文条件的变化，结果如图 7-12 (a)、(b)所示。在澳大利亚北部的流域中，90d 和 180d 的前期储水量均增加，这表明洪水前存在湿润的前期条件。如果降水前流域具有一定的湿度，那极端降水事件导致洪水发生的概率将大大增加[63]。土壤水分的变化可反映流域的湿润状态，如图 7-12 (c)、(d) 所示。在澳大利亚北部，表层和深层土壤水分均存在增加趋势，这表明该地区流域的水文条件逐渐湿润。综上，澳大利亚北部湿润的土壤水分条件将促进极端降水向洪水转化。

在澳大利亚北部干旱地区，洪水主导机制为超渗产流[26]。在这种生成机制中，当瞬时降水强度明显高于土壤导水率时，可能会引发洪水。热带气旋[133,149]和澳大利亚季风带来大量湿润水汽，可在短时间内产生大量降水，进而引发澳大利亚北部的洪水。因此，澳大利亚北部洪水事件的增加在很大程度上是由于极端降水导致的流域湿度和土壤水分的增加。

在澳大利亚南部，洪水特征的显著下降不是由极端降水的增加较弱导致的（图 7-7和图 7-10）。对于澳大利亚南部大多数流域，由于土壤水分所依赖的降水过剩在控制洪水方面起着更重要的作用，因此蓄满产流为该地区的洪水主导机制。在澳大利亚南部，平均湿润长度和最大湿润长度均有明显下降趋势［图 7-11 (c) 和图 7-11 (d)］，这表明气候正在变干。水文干旱，会延长并加剧干旱气候。1997—2009 年间，澳大利亚东南部经历了史无前例的干旱，称为"千年干旱期"（1997—2009 年）[205]。与干旱前时期相比，"千年干旱期"时期澳大利亚东南部的平均降水量减少了 13%，河川径流约减少了 45%。

在澳大利亚南部，洪水发生前 90d 和 180d 的预存储水量明显减少也证实了其干旱气候的存在［图 7-12 (a) 和图 7-12 (b)］。当前期的流域湿度下降时，引发洪水的极端降水事件的百分比会显著减少。在澳大利亚南部，也存在地表土壤水分趋于干燥，且在深层

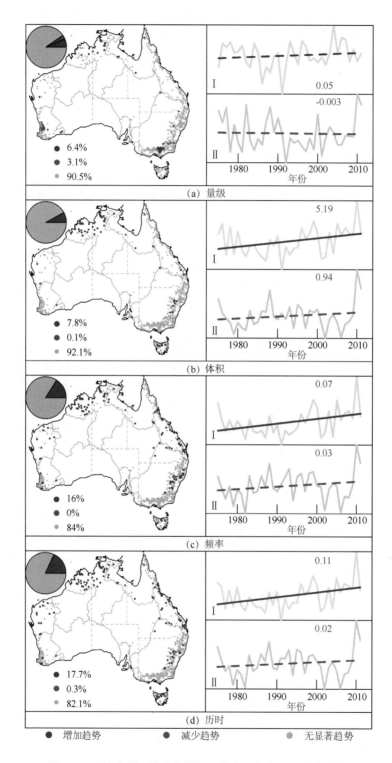

图 7-10 澳大利亚洪水的量级、体积、频率和历时的变化

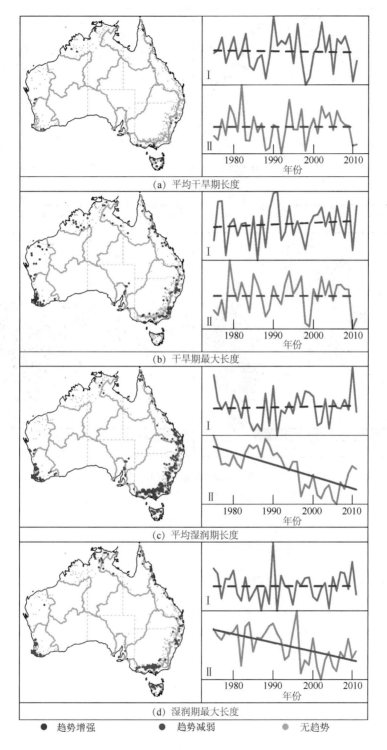

(a) 平均干旱期长度

(b) 干旱期最大长度

(c) 平均湿润期长度

(d) 湿润期最大长度

● 趋势增强　　　● 趋势减弱　　　● 无趋势

图 7-11　澳大利亚平均干旱期长度、干旱期最大长度、平均湿润期
长度和湿润期最大长度的变化

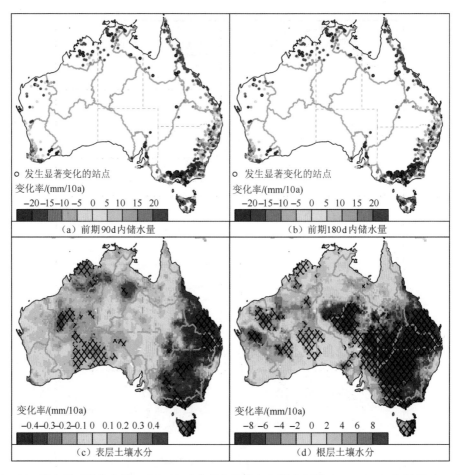

图 7-12　澳大利亚洪峰之前 90d 和 180d 内储水量的变化以及表层（0~0.1m）和根区（0~1m）
土壤水分的变化（黑色实线为 0.05 显著性水平显著变化区域）

土壤水分中表现更为突出 [图 7-12（c）和图 7-12（d）]。土壤水分的干燥化会导致大
部分径流渗入土壤，从而减少澳大利亚南部的量级、体积和历时。

7.4.2　ENSO 与洪水时变空间格局的关系

尽管发现了澳大利亚北部和南部之间洪水的差异性变化，但由于记录相对较短（即仅
37 年），这些变化看似是合理的但不是固定的长期变化。例如，澳大利亚热带地区 1975—
1990 年期间的洪水量级呈明显下降趋势，而在 1990—1998 年之间则明显增加 [图 7-
7（a）]。澳大利亚北部的洪水历时在 1975—1990 年期间有所减少，而在 1990—2012 年期
间则有所增加。某些洪水特征的转变可能与洪水变率有关。从图 7-7 中可看出，洪水区
域平均值的变化主要由年际/年代际变化决定。本章的假设是洪水的时间变化与气候系统
的变化有关，这可以通过大尺度的气候指数（即本章中的 ENSO）反映出来[224,32]。通过
洪水事件与前 n 个月 ENSO 值（其中 $n=0$、1、2、3、4、5 和 6）之间的 n 个月滞后相
关关系评估 ENSO 与洪水事件的联系。ENSO 的 lag_0 和 lag_1 阶段的显著相关的站点

比例在这些相关关系中最大，其洪水量级分别为 16.9% 和 20.8%，体积分别为 19.4% 和 22.7%，历时分别为 23.3% 和 22.1%（图 7-13）。当滞后时间超过 6 个月时，显著相关的百分比降低。

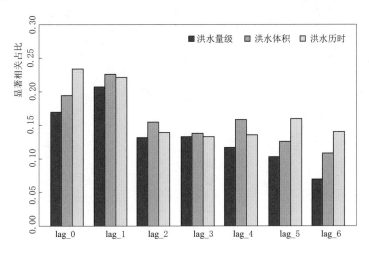

图 7-13　厄尔尼诺-南方涛动（ENSO）的 lag_0~lag_6 阶段与洪水事件的量级、体积和历时显著相关性的分数

　　因此，本章展示了 lag_0 和 lag_6 阶段 ENSO 极端正负相位之间的四种洪水特征的差异，其中"无滞后"和"滞后"分别表示 ENSO 值比洪水事件提前 0 个月和 6 个月，ENSO 极端正（负）相位分别为 ENSO 值大于（小于 1）的区域（图 7-14）。在 ENSO 极端正相位和负相位之间的四个洪水特征中，大多数显著性差异为正，且它们的空间格局在 lag_0 和 lag_6 之间几乎是一致的。具有正相差异的流域主要在澳大利亚北部和澳大利亚东北部，且差异多表现在洪水历时和频率上。已有研究发现，在澳大利亚北部洪水和极端降水持续增加的两个地区，ENSO 与极端降水之间存在密切的关系（图 7-7）。在澳大利亚南部（尤其是东南部），尚未证实大多数流域的 ENSO 值与洪水特征之间存在紧密的关系。澳大利亚南部的极端降水和洪水之间的不一致变化（图 7-7）表明该地区 ENSO 与洪水之间的相关性较弱。

　　澳大利亚北部洪水的持续变化特别是历时变化表现出了空间聚集性（图 7-7 和图 7-8），这可通过该地区洪水与 ENSO 之间的持续正相关关系证明。通过综合分析 ENSO 值比洪水事件提前 0 个月（"无滞后"）和 6 个月（"滞后"）的综合水汽传输（IVT）异常和 850hPa 的风场异常，表明在 ENSO 极端正相位时期，澳大利亚赤道地区和热带地区水汽输送距平值为正，说明该地区的水分输送增强（图 7-15）。相应地，温带地区水汽输送距平值为负，说明水分输送减弱。ENSO 正相位时水汽输送变化的空间格局与洪水变化的地理空间格局高度一致（即澳大利亚北部和南部洪水之间的差异性变化，图 7-7 和图 7-8）。由于约 80% 的流域在 ENSO 极端正负相位阶段没有差异（图 7-14），因此这种空间格局的认识不能充分解释洪水变化的地理差异性。尽管如此，与年际变化有关的澳大利亚北部和南部之间的洪水差异性变化仍有部分与 ENSO 的影响有关。

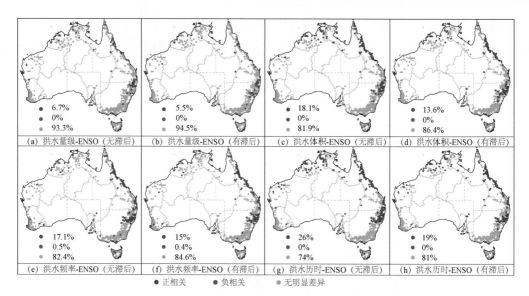

图 7-14 ENSO 极端正负相之间的洪水量级、体积、频率和历时差异

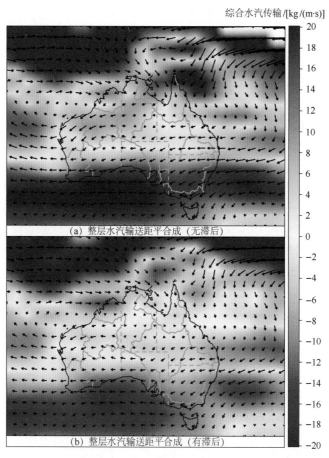

图 7-15 ENSO 的极端正相综合水汽传输（IVT）异常
[kg/(m·s)] 和 850hPa 风场（m/s）异常

7.4.3 多模型框架预估洪水变化

上一节表明了在气候变化下澳大利亚北部和南部之间洪水变化的差异。接下来要解决的问题是：在更温暖的未来，洪水的差异性变化会继续吗？利用 GHMs 和 GCMs 的 40 种组合模拟 21 世纪 RCP2.6 和 RCP8.5 下的洪水。在历史和两种 RCP 情景下，来自 GCM 的降水、温度和其他变量成为 GHM 的驱动因素。为了模拟不同的全球变暖水平对洪水的影响，未考虑诸如人口、GDP、灌溉和土地利用/土地覆盖等人类活动。

根据选定的四个流域模拟和观测洪峰的分位数-分位数如图 7-16 所示，GHMs 和 GCMs 的 40 种组合的多模型集成方法可以合理地模拟洪水特征。图 7-16 中，黑点为 40 个模型中洪峰的多模型总体平均值。图 7-16 (a)～(d) 对应于研究区最大四个流域（图 7-2 中黑色粗线框柱的流域）。

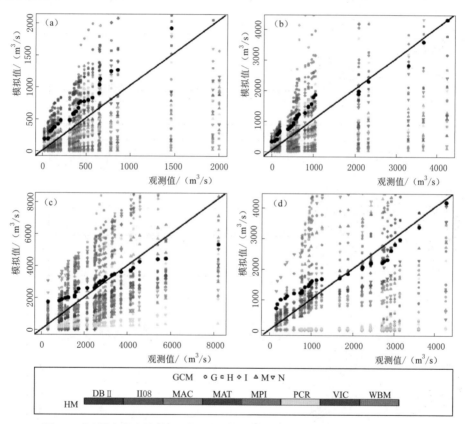

图 7-16　最大四个流域 1975—2005 年观测和模拟的年最大日流量对比图

在 RCP2.6 和 RCP8.5 的未来情景下，40 个模型中 60% 以上表明澳大利亚南部各洪水特征有降低趋势（图 7-17 和图 7-18），已有研究也预估该区域洪水风险会降低[92,99]（图 7-11 和图 7-12）。在 2070—2099 年期间，RCP8.5 的降幅要比 RCP2.6（升温 2℃）高。此处，澳大利亚中北部的洪水事件的量级和体积都有增加，但不确定性较大。相对于 1976—2005 年，1970—2099 年在 RCP8.5 下多模式集成洪水量级和体积异常的区域平均值在澳大利亚北部有所增加，而在澳大利亚南部有所减少（图 7-12）。进而

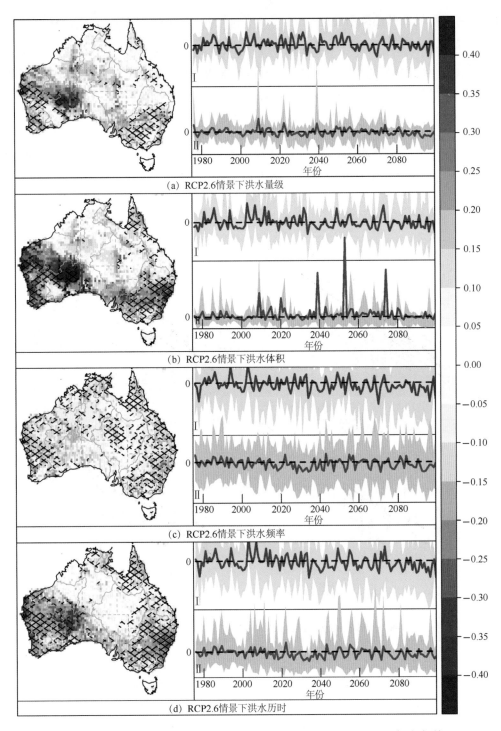

(a) RCP2.6情景下洪水量级

(b) RCP2.6情景下洪水体积

(c) RCP2.6情景下洪水频率

(d) RCP2.6情景下洪水历时

图 7 - 17　对比历史情景（1976—2005 年）、RCP2.6 下 2070—2099 年澳大利亚
洪水特征变化多模型总体平均值及 1976—2099 年赤道热带地区（Ⅰ）与
温带（Ⅱ）地区平均区域的多模型总体平均值的异常情况

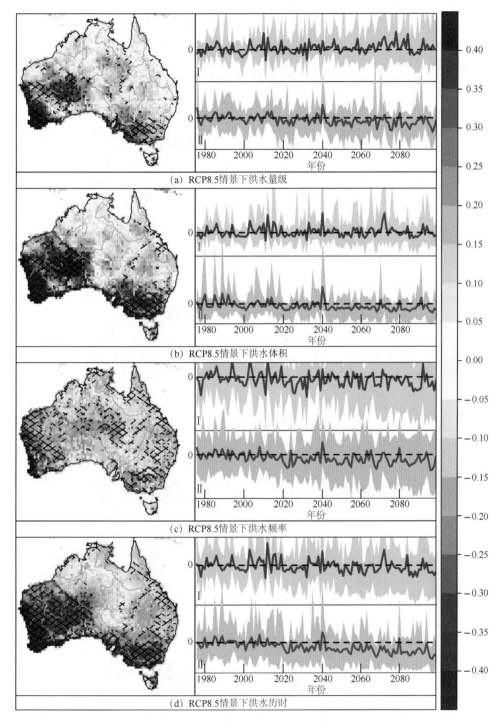

图 7-18　对比历史情景（1976—2005 年）、RCP8.5 下 2070—2099 年澳大利亚
洪水特征变化多模型总体平均值及 1976—2099 年赤道热带地区（Ⅰ）与
温带（Ⅱ）地区平均区域的多模型总体平均值的异常情况

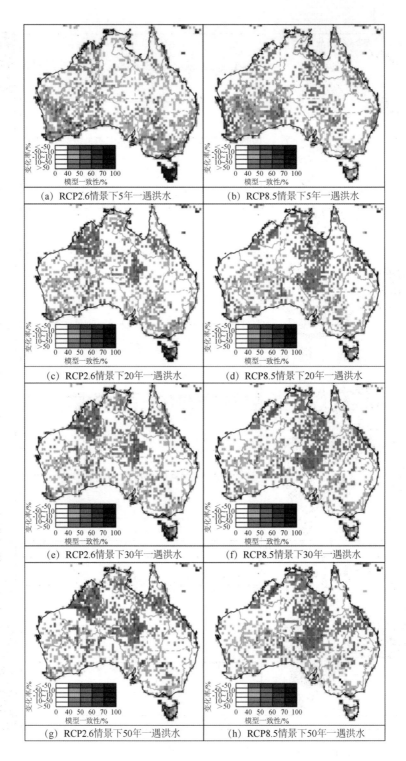

图 7 - 19　相对 1976—2005 年，澳大利亚 2070—2099 年洪水的
多模型总体平均变化率（％）和模型一致性（％）情况

对 5 年、20 年、30 年和 50 年回归期的洪水量级的预计变化进行了评估（图 7-19），并以颜色深浅表示该类别模型一致性的相应变化率（图中 n 年一遇洪水表明此事件平均在 n 年内发生）。由图 7-19 可知，澳大利亚北部的洪水量级预计会增加（60% 以上的模型认为增加幅度超过 50%），这与 Hirabayashi 等的观点一致[97]。洪水量级增加的地区预计在高重现期洪水（例如 50 年）和气候温暖（例如 RCP8.5）的区域中面积更大。

7.5 本章小结

本章研究强调了澳大利亚天然洪水特征变化间的巨大差异，即澳大利亚北部的增加趋势和澳大利亚南部的减少趋势。尽管 1975—2012 年的变化趋势不明显，但洪水特征的区域平均变化大多是显著的。澳大利亚北部洪水事件的增加主要是由极端降水导致流域前期湿度和土壤水分的增加，而流域湿度趋于干燥和气候变化则导致澳大利亚南部洪水的减少。由于记录相对较短，这些变化看似是合理的但不是固定的长期趋势变化，并且可能以年际/年代际的变化为主导。

通过进一步分析洪水的时间变化与气候系统变化之间的关系（即本章中的 ENSO），表明在 ENSO 的极端正负相位时期，洪水的正差异主要发生在洪水和极端降水都持续增加的澳大利亚北部，而尚未证实 ENSO 值与澳大利亚南部大多数流域的洪水特征之间有紧密的联系。洪水特征的变化模式与整层水汽输送变化的空间模式之间的地理一致性可以部分解释洪水变化的空间差异性（即澳大利亚北部和南部之间的洪水特征的差异性变化）。

最后，本章探讨了洪水的差异性变化在将来是否会继续。在气候变暖的情况下，多数模型一致预估澳大利亚南部洪水将继续减少，而在澳大利亚北部只有洪水的量级和体积预计会增加，但不确定性较大。与 RCP2.6 相比，在 RCP8.5 下，这一特征（澳大利亚南部的洪水减少且澳大利亚北部的洪水量级和体积增加）将更加明显。此外，极端洪水（即 50 年）与中小洪水（即 5 年和 20 年）相比，澳大利亚北部和南部极端洪水（即 50 年）的差异性变化更为明显。该发现对于加强理解澳大利亚洪水不断变化的性质至关重要，可以从实际出发对当地洪水对人员和财产造成的威胁进行评估。

还应注意的是，各模型模拟洪水事件的不确定性较大。对于流域面积和洪水量级，通常在较大的河流中可以更好地监测水文状况。较大河流的洪水量级足够可观以至于可减少 GHMs 和 GCMs 中系统性偏差和误差的影响。在 ISI-MIP 中，GHMs 是由 GCMs 的输出所驱动的大尺度陆地表面模型，其空间分辨率较低，这导致在澳大利亚南部流量相对较低的流域中存在较高的不确定性（图 7-2）。此外，Teng 等[200]采用了 5 个降水径流模型和 15 个 GCMs 来模拟澳大利亚东南部的径流，并指出 GCMs 造成的不确定性远大于降水径流模型的不确定性。

自然变率、响应不确定性和情景不确定性是预测未来气候变化的 GCM 不确定性的三个来源。尽管与 CMIP5 相比 CMIP3 有极大进步，降水的总不确定性明显降低，但极端降水地区存在更大的降水不确定性。CMIP5 GCM 输出值经过了 ISI-MIP 偏差校正。尽管偏差校正可能会给预测结果增加额外的不确定性，但它可以显著改善降水特征的表示[15]。

此外，GCM 模拟中的低频可变性在偏差校正后得到了更好地表达，这种改进对于大多数低频可变性影响较大的水文研究来说非常必要。

　　这项研究的另一个主要局限是，GHMs 没有考虑到气候和水文条件变化引起的植被变化。植被分布的变化也对径流量有相当的影响[231,292]，尤其是对于澳大利亚温带地区的洪水形成过程。

参 考 文 献

[1] Re M. NatCatservice [M]. 2013.

[2] KING A D, KAROLY D J, HENLEY B J. Australian climate extremes at 1. 5 degrees C and 2 degrees C of global warming [J]. Nature Climate Change, 2017, 7 (6): 412 – 416.

[3] CHEVUTURI A, KLINGAMAN N P, TURNER A G, et al. Projected Changes in the Asian – Australian Monsoon Region in 1. 5 degrees C and 2. 0 degrees C Global – Warming Scenarios [J]. Earths Future, 2018, 6 (3): 339 – 358.

[4] THOMAZ S M, BINI L M, BOZELLI R L. Floods increase similarity among aquatic habitats in river – floodplain systems [J]. Hydrobiologia, 2007, 579: 1 – 13.

[5] ZHANG Q, GU X H, SINGH V P, et al. Evaluation of flood frequency under non – stationarity resulting from climate indices and reservoir indices in the East River basin, China [J]. Journal of Hydrology, 2015, 527: 565 – 575.

[6] BEDNAREK A T, HART D D. Modifying dam operations to restore rivers: Ecological responses to Tennessee river dam mitigation [J]. Ecological Applications, 2005, 15 (3): 997 – 1008.

[7] DONAT M G, LOWRY A L, ALEXANDER L V, et al. More extreme precipitation in the world's dry and wet regions [J]. Nature Climate Change, 2017, 7 (5): 154 – 158.

[8] INGRAM W. Increases all round [J]. Nature Climate Change, 2016, 6 (5): 443 – 444.

[9] SILLMANN J, KHARIN V V, ZHANG X, et al. Climate extremes indices in the CMIP5 multi-model ensemble: Part 1. Model evaluation in the present climate [J]. Journal of Geophysical Research – Atmospheres, 2013, 118 (4): 1716 – 1733.

[10] HEJAZI M I, MARKUS M. Impacts of Urbanization and Climate Variability on Floods in Northeastern Illinois [J]. Journal of Hydrologic Engineering, 2009, 14 (6): 606 – 616.

[11] GRILLAKIS M G, KOUTROULIS A G, KOMMA J, et al. Initial soil moisture effects on flash flood generation – A comparison between basins of contrasting hydro – climatic conditions [J]. Journal of Hydrology, 2016, 541: 206 – 217.

[12] SLATER L J, VILLARINI G. Recent trends in US flood risk [J]. Geophysical Research Letters, 2016, 43 (24): 12428 – 12436.

[13] VILLARINI G. On the seasonality of flooding across the continental United States [J]. Advances in Water Resources, 2016, 87: 80 – 91.

[14] ZHANG Q, GU X H, SINGH V P, et al. Timing of floods in southeastern China: Seasonal properties and potential causes [J]. Journal of Hydrology, 2017, 552: 732 – 744.

[15] MERZ B, AERTS J, ARNBJERG-NIELSEN K, et al. Floods and climate: emerging perspectives for flood risk assessment and management [J]. Natural Hazards and Earth System Sciences, 2014, 14 (7): 1921 – 1942.

[16] MERZ B, NGUYEN V D, VOROGUSHYN S. Temporal clustering of floods in Germany: Do flood – rich and flood – poor periods exist? [J]. Journal of Hydrology, 2016, 541: 824 – 838.

[17] MERZ B, VOROGUSHYN S, UHLEMANN S, et al. HESS Opinions 'More efforts and scientific rigour are needed to attribute trends in flood time series' [J]. Hydrology and Earth System Sciences, 2012, 16 (5): 1379 – 1387.

[18] STOCKER T F, QIN D, PLATTNER G K, et al. IPCC Climate Change 2013: The Physical Science Basis [C]. Cambridge University Press, Cambridge, United Kingdom and New York, 2013.

[19] FISCHER E M, KNUTTI R. Anthropogenic contribution to global occurrence of heavy - precipitation and high - temperature extremes [J]. Nature Climate Change, 2015, 5 (6): 560 - 564.

[20] MASSON - DELMOTTE V, ZHAI P, PÖRTNER H - O, et al. Global warming of 1. 5℃, an IPCC Special Report on the impacts of global warming of 1. 5℃ above pre - industrial levels and related global greenhouse gas emission pathways, in the context of strengthening the global response to the threat of climate change, sustainable development, and efforts to eradicate poverty [R]. Cambridge University Press, UK, 2018.

[21] COOK B I, PALMER J G, COOK E R, et al. The paleoclimate context and future trajectory of extreme summer hydroclimate in eastern Australia [J]. Journal of Geophysical Research - Atmospheres, 2016, 121 (21): 12820 - 12838.

[22] VERDON D C, WYATT A M, KIEM A S, et al. Multidecadal variability of rainfall and streamflow: Eastern Australia [J]. Water Resources Research, 2004, 40 (10): W10201.

[23] WESTRA S, SHARMA A. Dominant modes of interannual variability in Australian rainfall analyzed using wavelets [J]. Journal of Geophysical Research - Atmospheres, 2006, 111: D05102.

[24] ZHANG X S, AMIRTHANATHAN G E, BARI M A, et al. How streamflow has changed across Australia since the 1950s: evidence from the network of hydrologic reference stations [J]. Hydrology and Earth System Sciences, 2016, 20 (9): 3947 - 3965.

[25] FASULLO J T, BOENING C, LANDERER F W, et al. Australia's unique influence on global sea level in 2010 - 2011 [J]. Geophysical Research Letters, 2013, 40 (16): 4368 - 4373.

[26] BOSCHAT G, PEZZA A, SIMMONDS I, et al. Large scale and sub - regional connections in the lead up to summer heat wave and extreme rainfall events in eastern Australia [J]. Climate Dynamics, 2015, 44 (7 - 8): 1823 - 1840.

[27] JOHNSON F, WHITE C J, VAN Dijk A, et al. Natural hazards in Australia: floods [J]. Climatic Change, 2016, 139 (1): 21 - 35.

[28] ARCHFIELD S A, HIRSCH R M, VIGLIONE A, et al. Fragmented patterns of flood change across the United States [J]. Geophysical Research Letters, 2016, 43 (19): 10232 - 10239. (同 [286]).

[29] MALLAKPOUR I, VILLARINI G. The changing nature of flooding across the central United States [J]. Nature Climate Change, 2015, 5 (3): 250 - 254.

[30] MUSSELMAN K N, LEHNER F, IKEDA K, et al. Projected increases and shifts in rain - on - snow flood risk over western North America [J]. Nature Climate Change, 2018, 8 (9): 808 - 817.

[31] HANNAFORD J, BUYS G, STAHL K, et al. The influence of decadal - scale variability on trends in long European streamflow records [J]. Hydrology and Earth System Sciences, 2013, 17 (7): 2717 - 2733.

[32] LIU J, ZHANG Y. Multi - temporal clustering of continental floods and associated atmospheric circulations [J]. Journal of Hydrology, 2017, 555: 744 - 759.

[33] LIU J, ZHANG Y, YANG Y, et al. Investigating Relationships Between Australian Flooding and Large - Scale Climate Indices and Possible Mechanism [J]. Journal of Geophysical Research: Atmospheres, 2018, 123 (16): 8708 - 8723.

[34] DELGADO J M, APEL H, MERZ B. Flood trends and variability in the Mekong river [J]. Hy-

drology and Earth System Sciences, 2010, 14 (3): 407 - 418.

[35] CFOO DISASTERS. Human cost of natural disasters 2015: a global perspective [R]. Centre for Research on the Epidemiology of Disasters, 2015.

[36] LEE D, WARD P, BLOCK P. Attribution of Large - Scale Climate Patterns to Seasonal Peak - Flow and Prospects for Prediction Globally [J]. Water Resources Research, 2018, 54 (2): 916 - 938.

[37] DOOCY S, DANIELS A, MURRAY S, et al. The human impact of floods: a historical review of events 1980 - 2009 and systematic literature review [J]. 2013, 5 (5): 1808 - 1815.

[38] SILLMANN J, KHARIN V V, ZWIERS F W, et al. Climate extremes indices in the CMIP5 multimodel ensemble: Part 2. Future climate projections [J]. Journal of Geophysical Research - Atmospheres, 2013, 118 (6): 2473 - 2493.

[39] WESTRA S, ALEXANDER L V, ZWIERS F W. Global Increasing Trends in Annual Maximum Daily Precipitation [J]. Journal of Climate, 2013, 26 (11): 3904 - 3918.

[40] ASADIEH B, KRAKAUER N Y. Global trends in extreme precipitation: climate models versus observations [J]. Hydrology and Earth System Sciences, 2015, 19 (2): 877 - 891.

[41] DO H X, WESTRA S, LEONARD M. A global - scale investigation of trends in annual maximum streamflow [J]. Journal of Hydrology, 2017, 552: 28 - 43.

[42] SHARMA A, WASKO C, LETTENMAIER D P. If Precipitation Extremes Are Increasing, Why Aren't Floods? [J]. Water Resources Research, 2018, 54 (11): 8545 - 8551.

[43] GU X, ZHANG Q, LI J, et al. Intensification and Expansion of Soil Moisture Drying in Warm Season Over Eurasia Under Global Warming [J]. Journal of Geophysical Research: Atmospheres, 2019, 124 (7): 3765 - 3782.

[44] WASKO C, PUI A, SHARMA A, et al. Representing low - frequency variability in continuous rainfall simulations: A hierarchical random Bartlett Lewis continuous rainfall generation model [J]. Water Resources Research, 2015, 51 (12): 9995 - 10007.

[45] LU M, LALL U, SCHWARTZ A, et al. Precipitation predictability associated with tropical moisture exports and circulation patterns for a major flood in France in 1995 [J]. Water Resources Research, 2013, 49 (10): 6381 - 6392.

[46] HETTIARACHCHI S, WASKO C, SHARMA A. Increase in flood risk resulting from climate change in a developed urban watershed - the role of storm temporal patterns [J]. Hydrology and Earth System Sciences, 2018, 22 (3): 2041 - 2056.

[47] SHENG Y, WANG L. Detection of Changes, Changes in Flood Risk in Europe. [J]. CRC Press, 2012: 387 - 408.

[48] FALCONE J A, CARLISLE D M, WOLOCK D M, et al. GAGES: A stream gage database for evaluating natural and altered flow conditions in the conterminous United States [J]. 2010, 91 (2): 621 - 621.

[49] ZHANG Y, VINEY N, FROST A, et al. Collation of Australian modeller's streamflow dataset for 780 unregulated Australian catchments [R]. Australia: CSIRO, 2013. (同 [165]).

[50] ALVAREZ - GARRETON C, MENDOZA P A, BOISIER J P, et al. The CAMELS - CL dataset: catchment attributes and meteorology for large sample studies - Chile dataset [J]. 2018: 1 - 40.

[51] BECK H E, WOOD E F, PAN M, et al. MSWEP V2 global 3 - hourly 0. 1° precipitation: methodology and quantitative assessment [J]. Bulletin of the American Meteorological Society, 2019, 100 (3): 473 - 500.

[52] BUERMANN W. Analysis of a multiyear global vegetation leaf area index data set [J]. Journal of

Geophysical Research, 2002, 107 (D22): 4646.

[53] LEHNER B, LIERMANN C R, REVENGA C, et al. High – resolution mapping of the world's reservoirs and dams for sustainable river – flow management [J]. Frontiers in Ecology and the Environment, 2011, 9 (9): 494 – 502.

[54] NIU J, SHEN C P, LI S G, et al. Quantifying storage changes in regional Great Lakes watersheds using a coupled subsurface – land surface process model and GRACE, MODIS products [J]. Water Resources Research, 2014, 50 (9): 7359 – 7377.

[55] REAGER J T, THOMAS B F, FAMIGLIETTI J S. River basin flood potential inferred using GRACE gravity observations at several months lead time [J]. Nature Geoscience, 2014, 7 (8): 589 – 593.

[56] LONG D, SHEN Y J, SUN A, et al. Drought and flood monitoring for a large karst plateau in Southwest China using extended GRACE data [J]. Remote Sensing of Environment, 2014, 155: 145 – 160.

[57] KALNAY E, KANAMITSU M, KISTLER R, et al. The NCEP/NCAR 40 – year reanalysis project [J]. Bulletin of the American Meteorological Society, 1996, 77 (3): 437 – 471.

[58] HIRSCH R M, ARCHFIELD S A. Not higher but more often [J]. Nature Climate Change, 2015, 5 (3): 198 – 199.

[59] GUDMUNDSSON L, LEONARD M, DO H X, et al. Observed Trends in Global Indicators of Mean and Extreme Streamflow [J]. Geophysical Research Letters, 2019, 46 (2): 756 – 766.

[60] GROISMAN P Y, KNIGHT R W, KARL T R. Heavy precipitation and high streamflow in the contiguous United States: Trends in the twentieth century [J]. Bulletin of the American Meteorological Society, 2001, 82 (2): 219 – 246.

[61] SHI W Z, HUANG S Z, LIU D F, et al. Drought – flood abrupt alternation dynamics and their potential driving forces in a changing environment [J]. Journal of Hydrology, 2021, 597: 1 – 12.

[62] TRENBERTH K E. Changes in precipitation with climate change [J]. Climate Research, 2011, 47 (1 – 2): 123 – 138.

[63] MALLAKPOUR I, VILLARINI G. Investigating the relationship between the frequency of flooding over the central United States and large – scale climate [J]. Advances in Water Resources, 2016, 92: 159 – 171.

[64] IVANCIC T J, SHAW S B. Examining why trends in very heavy precipitation should not be mistaken for trends in very high river discharge [J]. Climatic Change, 2015, 133 (4): 681 – 693.

[65] CHANG W, STEIN M L, WANG J L, et al. Changes in Spatiotemporal Precipitation Patterns in Changing Climate Conditions [J]. Journal of Climate, 2016, 29 (23): 8355 – 8376.

[66] WASKO C, SHARMA A, WESTRA S. Reduced spatial extent of extreme storms at higher temperatures [J]. Geophysical Research Letters, 2016, 43 (8): 4026 – 4032.

[67] SHEPHERD J M, PIERCE H, NEGRI A J. Rainfall modification by major urban areas: Observations from spaceborne rain radar on the TRMM satellite [J]. Journal of Applied Meteorology, 2002, 41 (7): 689 – 701.

[68] TANOUE M, HIRABAYASHI Y, IKEUCHI H. Global – scale river flood vulnerability in the last 50 years [J]. Sci Rep, 2016, 6: 36021.

[69] KUNDZEWICZ Z W, KANAE S, SENEVIRATNE S I, et al. Flood risk and climate change: global and regional perspectives [J]. Hydrological Sciences Journal – Journal Des Sciences Hydrologiques, 2014, 59 (1): 1 – 28.

[70] LEHNER F, COATS S, STOCKER T F, et al. Projected drought risk in 1.5 degrees C and 2 de-

grees C warmer climates [J]. Geophysical Research Letters，2017，44（14）：7419－7428.

[71] LIN L，WANG Z L，XU Y Y，et al. Additional Intensification of Seasonal Heat and Flooding Extreme Over China in a 2 degrees C Warmer World Compared to 1.5 degrees C [J]. Earths Future，2018，6（7）：968－978.

[72] LAVELL A，OPPENHEIMERE M. Climate change：new dimensions in disaster risk，exposure，vulnerability，and resilience（eds Field，C. B. et al.）Managing the Risks of Extreme Events and Disasters to Advance Climate Change Adaptation [C] IPCC Cambridge University Press，Cambridge，UK，and New York，NY，USA，2012.

[73] C ARDONA O － D，MAARTEN K，AALST V. Determinants of risk：exposure and vulnerability（eds Field，C. B. et al.）Managing the Risks of Extreme Events and Disasters to Advance Climate Change Adaptation [C] IPCC Cambridge University Press，Cambridge，UK，and New York，NY，USA，2012.

[74] KIEM A S，FRANKS S W，KUCZERA G. Multi － decadal variability of flood risk [J]. Geophysical Research Letters，2003，30（2）：1035.

[75] ASADIEH B，KRAKAUER N Y. Global change in streamflow extremes under climate change over the 21st century [J]. Hydrology and Earth System Sciences，2017，21（11）：5863－5874.

[76] JONGMAN B，WARD P J，AERTS J. Global exposure to river and coastal flooding：Long term trends and changes [J]. Global Environmental Change － Human and Policy Dimensions，2012，22（4）：823－835.

[77] WINSEMIUS H C，AERTS J，VAN BEEK L P H，et al. Global drivers of future river flood risk [J]. Nature Climate Change，2016，6（4）：381－385.

[78] WILLNER S N，OTTO C，LEVERMANN A. Global economic response to river floods [J]. Nature Climate Change，2018，8（7）：594－598.

[79] ALFIERI L，BISSELINK B，DOTTORI F，et al. Global projections of river flood risk in a warmer world [J]. Earths Future，2017，5（2）：171－182.

[80] DOTTORI F，SZEWCZYK W，CISCAR J C，et al. Increased human and economic losses from river flooding with anthropogenic warming [J]. Nature Climate Change，2018，8（9）：781－＋.（同[211]）.

[81] LAI Y C，LI J F，GU X H，et al. Greater flood risks in response to slowdown of tropical cyclones over the coast of China [J]. Proceedings of the National Academy of Sciences of the United States of America，2020，117（26）：14751－14755.

[82] DILLEY M，CHEN R S，DEICHMANN U，et al. Natural disaster hotspots：a global risk analysis.[M]. Washington，USA：World Bank Publications，2005.

[83] YIN L，FU R，SHEVLIAKOVA E，et al. How well can CMIP5 simulate precipitation and its controlling processes over tropical South America？ [J]. Climate Dynamics，2013，41（11－12）：3127－3143.

[84] KIM I W，OH J，WOO S，et al. Evaluation of precipitation extremes over the Asian domain：observation and modelling studies [J]. Climate Dynamics，2019，52（3－4）：1317－1342.

[85] ONGOMA V，CHEN H S，GAO C J. Evaluation of CMIP5 twentieth century rainfall simulation over the equatorial East Africa [J]. Theoretical and Applied Climatology，2019，135（3－4）：893－910.

[86] MEHRAN A，AGHAKOUCHAK A，PHILLIPS T J. Evaluation of CMIP5 continental precipitation simulations relative to satellite － based gauge － adjusted observations [J]. Journal of Geophysical Research － Atmospheres，2014，119（4）：1695－1707.

［87］ KHARIN V V, ZWIERS F W, ZHANG X, et al. Changes in temperature and precipitation extremes in the CMIP5 ensemble ［J］. Climatic Change, 2013, 119 (2): 345 – 357.

［88］ HEMPEL S, FRIELER K, WARSZAWSKI L, et al. A trend – preserving bias correction – the ISI – MIP approach ［J］. Earth System Dynamics, 2013, 4 (2): 219 – 236.

［89］ WEEDON G P, GOMES S, VITERBO P, et al. Creation of the WATCH Forcing Data and Its Use to Assess Global and Regional Reference Crop Evaporation over Land during the Twentieth Century ［J］. Journal of Hydrometeorology, 2011, 12 (5): 823 – 848.

［90］ WARSZAWSKI L, FRIELER K, HUBER V, et al. The Inter – Sectoral Impact Model Intercomparison Project (ISI – MIP): Project framework ［J］. Proceedings of the National Academy of Sciences of the United States of America, 2014, 111 (9): 3228 – 3232.

［91］ CANNON A J, SOBIE S R, MURDOCK T Q. Bias Correction of GCM Precipitation by Quantile Mapping: How Well Do Methods Preserve Changes in Quantiles and Extremes? ［J］. Journal of Climate, 2015, 28 (17): 6938 – 6959.

［92］ VAN HAREN R, VAN OLDENBORGH G J, LENDERINK G, et al. Evaluation of modeled changes in extreme precipitation in Europe and the Rhine basin ［J］. Environmental Research Letters, 2013, 8 (1): 7.

［93］ LI W, JIANG Z H, ZHANG X B, et al. On the Emergence of Anthropogenic Signal in Extreme Precipitation Change Over China ［J］. Geophysical Research Letters, 2018, 45 (17): 9179 – 9185.

［94］ LI X F, HU Z Z, JIANG X W, et al. Trend and seasonality of land precipitation in observations and CMIP5 model simulations ［J］. International Journal of Climatology, 2016, 36 (11): 3781 – 3793.

［95］ SARHADI A, AUSIN M C, WIPER M P, et al. Multidimensional risk in a nonstationary climate: Joint probability of increasingly severe warm and dry conditions ［J］. Science Advances, 2018, 4 (11): 9.

［96］ DANKERS R, ARNELL N W, CLARK D B, et al. First look at changes in flood hazard in the Inter – Sectoral Impact Model Intercomparison Project ensemble ［J］. Proceedings of the National Academy of Sciences of the United States of America, 2013, 111 (9): 3257 – 3261.

［97］ HIRABAYASHI Y, MAHENDRAN R, KOIRALA S, et al. Global flood risk under climate change ［J］. Nature Climate Change, 2013, 3 (9): 816 – 821.

［98］ TANG Q, OKI T, KANAE S. A Distributed Biosphere – Hydrological Model System for Continental Scale River Basins ［J］. Proceedings of Hydraulic Engineering, 2006, 50: 37 – 42.

［99］ HANASAKI N, KANAE S, OKI T, et al. An integrated model for the assessment of global water resources Part 1: Model description and input meteorological forcing ［J］. Hydrology and Earth System Sciences, 2008, 12 (4): 1007 – 1025.

［100］ GOSLING S N, ARNELL N W. Simulating current global river runoff with a global hydrological model: model revisions, validation, and sensitivity analysis ［J］. Hydrological Processes, 2011, 25 (7): 1129 – 1145.

［101］ POKHREL Y, HANASAKI N, KOIRALA S, et al. Incorporating Anthropogenic Water Regulation Modules into a Land Surface Model ［J］. Journal of Hydrometeorology, 2012, 13 (1): 255 – 269.

［102］ HAGEMANN S, GATES L D. Improving a subgrid runoff parameterization scheme for climate models by the use of high resolution data derived from satellite observations ［J］. Climate Dynamics, 2003, 21 (3 – 4): 349 – 359.

［103］ BIERKENS M F P, VAN BEEK L P H. Seasonal Predictability of European Discharge: NAO and

Hydrological Response Time [J]. Journal of Hydrometeorology, 2009, 10 (4): 953 - 968.

[104] LIANG X, LETTENMAIER D P, WOOD E F, et al. A simple hydrologically based model of land - surface water and energy fluxes for general - circulation models [J]. Journal of Geophysical Research - Atmospheres, 1994, 99 (D7): 14415 - 14428.

[105] VOROSMARTY C J, FEDERER C A, SCHLOSS A L. Evaporation functions compared on US watersheds: Possible implications for global - scale water balance and terrestrial ecosystem modeling [J]. Journal of Hydrology, 1998, 207 (3 - 4): 147 - 169.

[106] ZHAO F, VELDKAMP T I E, FRIELER K, et al. The critical role of the routing scheme in simulating peak river discharge in global hydrological models [J]. Environmental Research Letters, 2017, 12 (7): 14.

[107] COLES S. An introduction to statistical modeling of extreme values. [M]. London, 2001.

[108] ZHANG W X, ZHOU T J, ZOU L W, et al. Reduced exposure to extreme precipitation from 0.5 degrees C less warming in global land monsoon regions [J]. Nature Communication, 2018, 9: 8.

[109] O'NEILL B C e a. Meeting Report of the Workshop on The Nature and Use of New Socioeconomic Pathways for Climate Change Research [C] NCAR 2012.

[110] VAN Vuuren D P, CARTER T R. Climate and socio - economic scenarios for climate change research and assessment: reconciling the new with the old [J]. Climatic Change, 2014, 122 (3): 415 - 429.

[111] GAFFIN S R, ROSENZWEIG C, XING X S, et al. Downscaling and geo - spatial gridding of socio - economic projections from the IPCC Special Report on Emissions Scenarios (SRES) [J]. Global Environmental Change - Human and Policy Dimensions, 2004, 14 (2): 105 - 123.

[112] LI J, CHEN Y D, ZHANG L, et al. Future changes in floods and water availability across China: linkage with changing climate and uncertainties [J]. Journal of Hydrometeorology, 2016, 17 (4): 1295 - 1314.

[113] MILLY P C D, WETHERALD R T, DUNNE K A, et al. Increasing risk of great floods in a changing climate [J]. Nature, 2002, 415 (6871): 514 - 517.

[114] PALTAN H, ALLEN M, HAUSTEIN K, et al. Global implications of 1.5 degrees ℃ and 2 degrees ℃ warmer worlds on extreme river flows [J]. Environmental Research Letters, 2018, 13 (9): 10.

[115] BEST J. Anthropogenic stresses on the world's big rivers [J]. Nature Geoscience, 2019, 12 (1): 7 - 21.

[116] VILLARINI G, SMITH J A. Flood peak distributions for the eastern United States [J]. Water Resources Research, 2010, 46: W06504.

[117] HALLEGATTE S, GREEN C, NICHOLLS R. J., et al. Future flood losses in major coastal cities [J]. Nature Climate Change, 2013, 3 (9): 802 - 806.

[118] WARD P J, JONGMAN B, AERTS J, et al. A global framework for future costs and benefits of river - flood protection in urban areas [J]. Nature Climate Change, 2017, 7 (9): 642 - 646.

[119] POFF N L, OLDEN J D, MERRITT D M, et al. Homogenization of regional river dynamics by dams and global biodiversity implications [J]. Proceedings of the National Academy of Sciences of the United States of America, 2007, 104 (14): 5732 - 5737.

[120] MUNOZ S E, DEE S G. El Nino increases the risk of lower Mississippi River flooding [J]. Scientific Reports, 2017, 7: 7.

[121] GIUNTOLI L, VILLARINI G, PRUDHOMME C, et al. Uncertainties in projected runoff over the conterminous United States [J]. Climatic Change, 2018, 150: 149 - 162.

[122] PIERCE D W, CAYAN D R, MAURER E P, et al. Improved Bias Correction Techniques for Hydrological Simulations of Climate Change [J]. Journal of Hydrometeorology, 2015, 16 (6): 2421 – 2442.

[123] SCHULZ K, BERNHARDT M. The end of trend estimation for extreme floods under climate change? [J]. Hydrological Processess, 2016, 30: 1804 – 1808.

[124] SALAS J D. Analysis and modeling of hydrologic time series, in Handbook of Hydrology [M]. New York, 1993: 1 – 72.

[125] KOUTSOYIANNIS D. Uncertainty, entropy, scaling and hydrological stochastics. 1. Marginal distributional properties of hydrological processes and state scaling [J]. Hydrological Sciences Journal, 2005, 50 (3): 381 – 404.

[126] MILLY P C D, BETANCOURT J, FALKENMARK M, et al. Climate change – Stationarity is dead: Whither water management? [J]. Science, 2008, 319 (5863): 573 – 574.

[127] MONTANARI A, KOUTSOYIANNIS D. Modeling and mitigating natural hazards: Stationarity is immortal! [J]. Water Resources Research, 2014, 50 (12): 9748 – 9756.

[128] LUKE A, VRUGT J A, AGHAKOUCHAK A, et al. Predicting nonstationary flood frequencies: Evidence supports an updated stationarity thesis in the United States [J]. Water Resources Research, 2017, 53 (7): 5469 – 5494.

[129] LIU J, ZHANG Q, SINGH V P, et al. Nonstationarity and clustering of flood characteristics and relations with the climate indices in the Poyang Lake basin, China [J]. Hydrological Sciences Journal – Journal Des Sciences Hydrologiques, 2017, 62 (11): 1809 – 1824.

[130] LIU J, ZHANG Q, SINGH V P, et al. Hydrological effects of climate variability and vegetation dynamics on annual fluvial water balance in global large river basins [J]. Hydrology and Earth System Sciences, 2018, 22 (7): 4047 – 4060.

[131] ZHANG L, ZHAO F F, CHEN Y, et al. Estimating effects of plantation expansion and climate variability on streamflow for catchments in Australia [J]. Water Resources Research, 2011, 47: 13.

[132] GEDNEY N, COX P M, BETTS R A, et al. Detection of a direct carbon dioxide effect in continental river runoff records [J]. Nature, 2006, 439 (7078): 835 – 838.

[133] PIAO S, FRIEDLINGSTEIN P, CIAIS P, et al. Changes in climate and land use have a larger direct impact than rising CO_2 on global river runoff trends [J]. Proceedings of the National Academy of Sciences of the United States of America, 2007, 104 (39): 15242 – 15247.

[134] UKKOLA A M, PRENTICE I C, KEENAN T. F. , et al. Reduced streamflow in water – stressed climates consistent with CO_2 effects on vegetation [J]. Nature Climate Change, 2016, 6 (1): 75 – 78.

[135] SKINNER C B, POULSEN C J, CHADWICK R, et al. The Role of Plant CO_2 Physiological Forcing in Shaping Future Daily – Scale Precipitation [J]. Journal of Climate, 2017, 30 (7): 2319 – 2340.

[136] LEMORDANT L, GENTINE P, SWANN A S, et al. Critical impact of vegetation physiology on the continental hydrologic cycle in response to increasing CO_2 [J]. Proceedings of the national academy of sciences of the United States of America, 2018, 115 (16): 4093 – 4098.

[137] LEMORDANT L, GENTINE P. Vegetation Response to Rising CO_2 Impacts Extreme Temperatures [J]. Geophysical Research Letters, 2019, 46 (3): 1383 – 1392.

[138] NING T, ZHOU S, CHANG F, et al. Interaction of vegetation, climate and topography on evapotranspiration modelling at different time scales within the Budyko framework [J]. Agricultural

and Forest Meteorology, 2019, 275: 59 – 68.

[139] FOWLER M D, KOOPERMAN G J, RANDERSON J T, et al. The effect of plant physiological responses to rising CO_2 on global streamflow [J]. Nature Climate Change, 2019, 9 (11): 873 – 879.

[140] PIAO S L, CHEN L Z X, WANG A P, et al. Divergent hydrological response to large – scale afforestation and vegetation greening in China [J]. Science Advances, 2018, 4 (5): 9.

[141] YANG Y T, RODERICK M L, ZHANG S L, et al. Hydrologic implications of vegetation response to elevated CO_2 in climate projections [J]. Nature Climate Change, 2019, 9 (1): 44 – 48.

[142] GUHA – SAPIR D, BELOW R, HOYOIS P. EM – DAT: international disaster database [C] Université Catholique de Louvain, Brussels Belgium 2015.

[143] FITZGERALD G, DU W W, JAMAL A, et al. Flood fatalities in contemporary Australia (1997— 2008) [J]. Emergency Medicine Australasia, 2010, 22 (2): 180 – 186.

[144] Floods. Bureau of Meteorology. 2009, http: //www. bom. gov. au/climate/c20thc/flood. shtml.

[145] LEONARD M, WESTRA S, PHATAK A, et al. A compound event framework for understanding extreme impacts [J]. Wiley Interdisciplinary Reviews – Climate Change, 2014, 5 (1): 113 – 128.

[146] SAHA K K, HASAN M M, QUAZI A. Forecasting tropical cyclone – induced rainfall in coastal Australia: implications for effective flood management [J]. Australasian Journal of Environmental Management, 2015, 22 (4): 446 – 457.

[147] GRANT P J. Recently increased tropical cyclone activity and inferences concerning coastal erosion and inland hydrological regimes in New Zealand and Eastern Australia [J]. Climatic Change, 1981, 3: 317 – 322.

[148] VILLARINI G, DENNISTON R F. Contribution of tropical cyclones to extreme rainfall in Australia [J]. International Journal of Climatology, 2016, 36 (2): 1019 – 1025.

[149] NOTT J. The influence of tropical cyclones on long – term riverine flooding: examples from tropical Australia [J]. Quaternary Science Reviews, 2018, 182: 155 – 162.

[150] EVANS R D, A K, D L S, et al. Greater ecosystem carbon in the Mojave Desert after ten years exposure to elevated CO_2 [J]. Nature Climate Change, 2014, 4 (5): 394 – 397.

[151] MCBRIDE J L, NICHOLLS N. Seasonal relationships between Australian rainfall and the Southern Oscillation [J]. Monthly Weather Review, 1983, 111: 1998 – 2004.

[152] ZHAO S, MILLS G A. A study of a monsoon depression bringing record rainfall over Australia. Part Ⅱ [J]. Monthly Weather Review, 1990, 119: 2074 – 2094.

[153] DOWDY A J, MILLS G A, TIMBAL B J I J o C. Large – scale diagnostics of extratropical cyclogenesis in eastern Australia [J]. 2013, 33 (10): 2318 – 2327.

[154] HAIGH I D, WIJERATNE E M S, MACPHERSON L R, et al. Estimating present day extreme water level exceedance probabilities around the coastline of Australia: tides, extra – tropical storm surges and mean sea level [J]. Climate Dynamics, 2014, 42: 121 – 138.

[155] CALLAGHAN J, POWER S B. Major coastal flooding in southeastern Australia 1860 – 2012, associated deaths and weather systems [J]. Australian Meteorological and Oceanographic Journal, 2014, 64 (3): 183 – 214.

[156] EL ADLOUNI S, BOBEE B, OUARDA T. On the tails of extreme event distributions in hydrology [J]. Journal of Hydrology, 2008, 355 (1 – 4): 16 – 33.

[157] GU X H, ZHANG Q, SINGH V P, et al. Nonstationarity in timing of extreme precipitation across China and impact of tropical cyclones [J]. Global and Planetary Change, 2017, 149:

153 – 165.

[158] MORRISON J E, SMITH J A. Stochastic modeling of flood peaks using the generalized extreme value distribution [J]. Water Resources Research, 2002, 38 (12): 12.

[159] MERZ R, BLOSCHL G. Flood frequency regionalisation – spatial proximity vs. catchment attributes [J]. Journal of Hydrology, 2005, 302 (1 – 4): 283 – 306.

[160] SMITH J A, VILLARINI G, BAECK M L. Mixture Distributions and the Hydroclimatology of Extreme Rainfall and Flooding in the Eastern United States [J]. Journal of Hydrometeorology, 2011, 12 (2): 294 – 309.

[161] VILLARINI G, SMITH J A, SERINALDI F, et al. Analyses of extreme flooding in Austria over the period 1951 – 2006 [J]. International Journal of Climatology, 2012, 32 (8): 1178 – 1192.

[162] GU X, ZHANG Q, KONG D, et al. Spatiotemporal Patterns of Extreme Precipitation Distributions with Annual and Seasonal Scales and Potential Impact of Tropical Cyclones in China [J]. Scientia Geographica Sinica, 2017, 37 (6): 929 – 937.

[163] CHEN X H, SHAO Q X, XU C Y, et al. Comparative Study on the Selection Criteria for Fitting Flood Frequency Distribution Models with Emphasis on Upper – Tail Behavior [J]. Water, 2017, 9 (5): 20.

[164] CHEN X H, YE C Q, ZHANG J M, et al. Selection of an Optimal Distribution Curve for Non – Stationary Flood Series [J]. Atmosphere, 2019, 10 (1): 16.

[165] ZHOU Y C, ZHANG Y Q, VAZE J, et al. Impact of bushfire and climate variability on streamflow from forested catchments in southeast Australia [J]. Hydrological Sciences Journal – Journal Des Sciences Hydrologiques, 2015, 60 (7 – 8): 1340 – 1360.

[166] BEESLEY C A, FROST A J, ZAJACZKOWSKI J. A comparison of the BAWAP and SILO spatially interpolated daily rainfall datasets [C] 18th World IMACS/MODSIM Congress Australia 2009.

[167] TOZER C R, KIEM A S, VERDON – KIDD D C. On the uncertainties associated with using gridded rainfall data as a proxy for observed [J]. Hydrology and Earth System Sciences, 2012, 16: 1481 – 1499.

[168] ZHANG Y, CHIEW F H. Relative merits of different methods for runoff predictions in ungauged catchments [J]. Water Resources Research, 2009, 45 (7): W07412.

[169] LI M, ZHANG Y Q, WALLACE J, et al. Estimating annual runoff in response to forest change: A statistical method based on random forest [J]. Journal of Hydrology, 2020, 589.

[170] ZHANG Y Q, ZHENG H X, CHIEW F H S, et al. Evaluating Regional and Global Hydrological Models against Streamflow and Evapotranspiration Measurements [J]. Journal of Hydrometeorology, 2016, 17 (3): 995 – 1010.

[171] LIU J Y, ZHANG Y Q. Multi – temporal clustering of continental floods and associated atmospheric circulations [J]. Journal of Hydrology, 2017, 555: 744 – 759.

[172] ZHANG Y, CHIEW F H S, LI M, et al. Predicting Runoff Signatures Using Regression and Hydrological Modeling Approaches [J]. Water Resources Research, 2018, 54 (10): 7859 – 7878.

[173] ZHANG Y Q, POST D. How good are hydrological models for gap – filling streamflow data? [J]. Hydrology and Earth System Sciences, 2019, 22: 4593 – 4604.

[174] FRANCOIS B, VRAC M, CANNON A J, et al. Multivariate bias corrections of climate simulations: which benefits for which losses? [J]. Earth System Dynamics, 2020, 11 (2): 537 – 562.

[175] LI J F, CHEN Y D, ZHANG L, et al. Future Changes in Floods and Water Availability across

China: Linkage with Changing Climate and Uncertainties [J]. Journal of Hydrometeorology, 2016, 17 (4): 1295 – 1314.

[176] FRIELER K, LANGE S, PIONTEK F, et al. Assessing the impacts of 1. 5 degrees C global warming – simulation protocol of the Inter – Sectoral Impact Model Intercomparison Project (ISIMIP2b) [J]. Geoscientific Model Development, 2017, 10 (12): 4321 – 4345.

[177] GU X, ZHANG Q, LI J, et al. The changing nature and projection of floods across Australia [J]. Journal of Hydrology, 2020, 584: 124703.

[178] KNAPP K R, KRUK M C, LEVINSON D H, et al. The international best track archive for climate stewardship (IBTrACS) unifying tropical cyclone data [J]. Bulletin of the American Meteorological Society, 2010, 91 (3): 363 – 376.

[179] VILLARINI G, GOSKA R, SMITH J A, et al. North Atlantic tropical cyclones and U S flooding [J]. Bulletin of the American Meteorological Society, 2014, 95 (9): 1381 – 1388.

[180] ZhANG Q, GU X H, SHI P J, et al. Impact of tropical cyclones on flood risk in southeastern China: Spatial patterns, causes and implications [J]. Global and Planetary Change, 2017, 150: 81 – 93.

[181] ZHANG Q, GU X H, SINGH V P, et al. Flood frequency under the influence of trends in the Pearl River basin, China: changing patterns, causes and implications [J]. Hydrological Processes, 2015, 29 (6): 1406 – 1417.

[182] VILLARINI G, SERINALDI F, SMITH J A, et al. On the stationarity of annual flood peaks in the continental United States during the 20th century [J]. Water Resources Research, 2009, 45 (8): 1 – 17.

[183] ZHANG Q, GU X H, SINGH V P, et al. More frequent flooding? Changes in flood frequency in the Pearl River basin, China, since 1951 and over the past 1000 years [J]. Hydrology and Earth System Sciences, 2018, 22 (5): 2637 – 2653.

[184] MANN H B. Nonparametric tests against trend [J]. Econometrica, 1945, 13: 245 – 259.

[185] KENDALL M G. Rank Correlation Methods [M]. Griffin, London, UK, 1975.

[186] HAMED K H, RAO A R. A modified Mann – Kendall trend test for autocorrelated data [J]. Journal of Hydrology, 1998, 204 (4): 182 – 196.

[187] DHAKAL N, JAIN S, GRAY A, et al. Nonstationarity in seasonality of extreme precipitation: A nonparametric circular statistical approach and its application [J]. Water Resources Research, 2015, 51 (6): 4499 – 4515.

[188] RESNICK S I. Heavy – tail phenomena: probabilistic and statistical modeling [M]. Springer, New York, 2006.

[189] ZHANG Q, GU X H, SINGH V P, et al. Flood frequency analysis with consideration of hydrological alterations: Changing properties, causes and implications [J]. Journal of Hydrology, 2014, 519: 803 – 813.

[190] LOPEZ J, FRANCES F. Non – stationary flood frequency analysis in continental Spanish rivers, using climate and reservoir indices as external covariates [J]. Hydrology and Earth System Sciences, 2013, 17 (8): 3189 – 3203.

[191] GU X H, ZHANG Q, LI J F, et al. Attribution of Global Soil Moisture Drying to Human Activities: A Quantitative Viewpoint [J]. Geophysical Research Letters, 2019, 46 (5): 2573 – 2582.

[192] YANG Y, MCVICAR T R, DONOHUE R J, et al. Lags in hydrologic recovery following an extreme drought: Assessing the roles of climate and catchment characteristics [J]. Water Resources Research, 2017, 53 (6): 4821 – 4837.

[193] VAN Dijk A I J M, BECK H E, CROSBIE R S, et al. The Millennium Drought in southeast Aus-tralia: Natural and human causes and implications for water resources, ecosystems, economy, and society [J]. Water Resources Research, 2013, 49: 1040 – 1057.

[194] WRIGHT W J. Tropical – extratropical cloudbands and Australian rainfall. 1. Climatology [J]. In-ternational Journal of Climatology, 1997, 17 (8): 807 – 829.

[195] LAMONT B B, HE T H. When did a Mediterranean – type climate originate in southwestern Aus-tralia? [J]. Global and Planetary Change, 2017, 156: 46 – 58.

[196] NORTHROP P J. Likelihood – based approaches to flood frequency estimation [J]. Journal of Hy-drology, 2004, 292 (1 – 4): 96 – 113.

[197] HATTERMANN F F, KRYSANOVA V, GOSLING S N, et al. Cross - scale intercomparison of climate change impacts simulated by regional and global hydrological models in eleven large river basins [J]. Climatic Change, 2017, 141: 561 – 576.

[198] KRYSANOVA V, HATTERMANN F F. Intercomparison of climate change impacts in 12 large river basins: overview of methods and summary of results [J]. Climatic Change, 2017, 141 (3): 363 – 379.

[199] MARAUN D, WIDMANN M. Cross – validation of bias – corrected climate simulations is mislead-ing [J]. Hydrology and Earth System Sciences, 2018, 22 (9): 4867 – 4873.

[200] TENG J, CHIEW F H S, VAZE J, et al. Estimation of climate change impact on mean annual runoff across continental Australia using budyko and fu equations and hydrological models [J]. Journal of Hydrometeorology, 2012, 13 (3): 1094 – 1106.

[201] HAWKINS E, SUTTON R. The potential to narrow uncertainty in regional climate predictions [J]. Bulletin of the American Meteorological Society, 2009, 90 (8): 1095 – 1107.

[202] DESER C, KNUTTI R, SOLOMON S, et al. Communication of the role of natural variability in future North American climate [J]. Nature Climate Change, 2012, 2 (11): 775 – 779.

[203] MANABE S, HOLLOWAY J L, STONE H M. Tropical circulation in a time – integration of a global model atmosphere [J]. Journal of the Atmospheric Sciences, 1970, 27: 580 – 613.

[204] BENGTSSON L, BOTTGER H, KANAMITSU M. Simulation of hurricane – type vortices in a general circulation model [J]. Tellus, 1982, 34 (5): 440 – 457.

[205] CAMARGO S J, WING A A. Tropical cyclones in climate models [J]. Wiley Interdisciplinary Re-views: Climate Change, 2015, 7 (2): 211 – 237.

[206] CAMARGO S J. Global and Regional Aspects of Tropical Cyclone Activity in the CMIP5 Models [J]. Journal of Climate, 2013, 26 (24): 9880 – 9902.

[207] CARON L P, JONES C G, DOBLAS – REYES F. Multi – year prediction skill of Atlantic hurricane activity in CMIP5 decadal hindcasts [J]. Climate Dynamics, 2013, 42 (9 – 10): 2675 – 2690.

[208] TORY K J, CHAND S S, MCBRIDE J L, et al. Projected Changes in Late – Twenty – First – Century Tropical Cyclone Frequency in 13 Coupled Climate Models from Phase 5 of the Coupled Model Intercomparison Project [J]. Journal of Climate, 2013, 26 (24): 9946 – 9959.

[209] EMANUEL K A. Downscaling CMIP5 climate models shows increased tropical cyclone activity over the 21st centur [J]. Proceedings of the National Academy of Sciences, 2013, 110 (30): 12219 – 12224.

[210] KNUTSON T R, SIRUTIS J J, GARNER S T, et al. Simulation of the recent multidecadal in-crease of Atlantic hurricane activity using an 18 – km – grid regional model [J]. Bulletin of the A-merican Meteorological Society, 2007, 88: 1549 – 1565.

[211] GU X H, ZHANG Q, LI J F, et al. Impacts of anthropogenic warming and uneven regional socio – economic development on global river flood risk [J]. Journal of Hydrology, 2020, 590.

[212] GU X, ZHANG Q, SINGH V P, et al. Temporal clustering of floods and impacts of climate indices in the Tarim River basin, China [J]. Global and Planetary Change, 2016, 147: 12 – 24.

[213] GU X H, ZHANG Q, SINGH V P, et al. Changes in magnitude and frequency of heavy precipitation across China and its potential links to summer temperature [J]. Journal of Hydrology, 2017, 547: 718 – 731.

[214] MEDIERO L, KJELDSEN T R, MACDONALD N, et al. Identification of coherent flood regions across Europe by using the longest streamflow records [J]. Journal of Hydrology, 2015, 528: 341 – 360.

[215] MUMBY P J, VITOLO R, STEPHENSON D B. Temporal clustering of tropical cyclones and its ecosystem impacts [J]. Proceedings of the National Academy of Sciences, 2011, 108 (43): 17626 – 17630.

[216] PINTO J G, BELLENBAUM N, KARREMANN M K, et al. Serial clustering of extratropical cyclones over the North Atlantic and Europe under recent and future climate conditions [J]. Journal of Geophysical Research: Atmospheres, 2013, 118 (22): 12476 – 12485.

[217] VILLARINI G, SMITH J A, VECCHI G A. Changing frequency of heavy rainfall over the central United States [J]. Journal of Climate, 2013, 26 (1): 351 – 357.

[218] VILLARINI G, SMITH J A, VITOLO R, et al. On the temporal clustering of US floods and its relationship to climate teleconnection patterns [J]. International Journal of Climatology, 2013, 33 (3): 629 – 640.

[219] WOLFF N H, WONG A, VITOLO R, et al. Temporal clustering of tropical cyclones on the Great Barrier Reef and its ecological importance [J]. Coral Reefs, 2016, 35 (2): 613 – 623.

[220] JAIN S, LALL U. Floods in a changing climate: Does the past represent the future? [J]. Water Resources Research, 2001, 37 (12): 3193 – 3205.

[221] HALL J, ARHEIMER B, BORGA M, et al. Understanding flood regime changes in Europe: A state of the art assessment [J]. Hydrology and Earth System Sciences, 2014, 18 (7): 2735 – 2772.

[222] NORBIATO D, BORGA M, ESPOSTI S D, et al. Flash flood warning based on rainfall thresholds and soil moisture conditions: An assessment for gauged and ungauged basins [J]. Journal of Hydrology, 2008, 362 (3 – 4): 274 – 290.

[223] MURPHY B F, TIMBAL B. A review of recent climate variability and climate change in southeastern Australia [J]. International Journal of Climatology, 2008, 28 (7): 859 – 879.

[224] ZHAO M S, RUNNING S W. Response to Comments on "Drought – Induced Reduction in Global Terrestrial Net Primary Production from 2000 Through 2009" [J]. Science, 2011, 333 (6046): 4.

[225] SMITH J A, KARR A F. Flood frequency analysis using the Cox regression model [J]. Water Resources Research, 1986, 22 (6): 890 – 896.

[226] ISHAK E, RAHMAN A, WESTRA S, et al. Evaluating the non – stationarity of Australian annual maximum flood [J]. Journal of Hydrology, 2013, 494: 134 – 145.

[227] MIN S K, CAI W, WHETTON P. Influence of climate variability on seasonal extremes over Australia [J]. Journal of Geophysical Research: Atmospheres, 2013, 118 (2): 643 – 654.

[228] YILMAZ A G, IMTEAZ M A, PERERA B J C. Investigation of non – stationarity of extreme rainfalls and spatial variability of rainfall intensity – frequency – duration relationships: a case study

of Victoria, Australia [J]. International Journal of Climatology, 2017, 37 (1): 430 – 442.

[229] CAI W J, VAN RENSCH P, COWAN T, et al. An Asymmetry in the IOD and ENSO Teleconnection Pathway and Its Impact on Australian Climate [J]. Journal of Climate, 2012, 25 (18): 6318 – 6329.

[230] WADEY M, HAIGH I, BROWN J. A century of sea level data and the UK's 2013/14 storm surges: an assessment of extremes and clustering using the Newlyn tide gauge record [J]. Ocean Science, 2014, 10 (6): 1031.

[231] ZHOU Y, ZHANG Y, VAZE J, et al. Improving runoff estimates using remote sensing vegetation data for bushfire impacted catchments [J]. Agricultural and Forest Meteorology, 2013, 182: 332 – 341.

[232] ZHANG Q, LIU J, SINGH V P, et al. Evaluation of impacts of climate change and human activities on streamflow in the Poyang Lake basin, China [J]. Hydrological Processes, 2016, 30 (14): 2562 – 2576.

[233] LI H X, ZHANG Y Q. Regionalising rainfall – runoff modelling for predicting daily runoff: Comparing gridded spatial proximity and gridded integrated similarity approaches against their lumped counterparts [J]. Journal of Hydrology, 2017, 550: 279 – 293.

[234] MARSHALL G J. Trends in the Southern Annular Mode from observations and reanalyses [J]. Journal of Climate, 2003, 16 (24): 4134 – 4143.

[235] LANG M, OUARDA T, BOBÉE B. Towards operational guidelines for over – threshold modeling [J]. Journal of Hydrology, 1999, 225 (3): 103 – 117.

[236] STEDINGER J R. Frequency analysis of extreme events [M]. 1993.

[237] CUNDERLIK J M, OUARDA T B, BOBÉE B. Determination of flood seasonality from hydrological records [J]. Hydrological Sciences Journal, 2004, 49 (3): 511 – 526.

[238] SILVA A T, PORTELA M M, NAGHETTINI M. Nonstationarities in the occurrence rates of flood events in Portuguese watersheds [J]. Hydrology and Earth System Sciences, 2012, 16 (1): 241 – 254.

[239] AKAIKE H. A new look at the statistical model identification [J]. IEEE transactions on automatic control, 1974, 19 (6): 716 – 723.

[240] THOMAS L, REYES E M. Tutorial: survival estimation for Cox regression models with time – varying coefficients using SAS and R [J]. Journal of Statistical Software, 2014, 61 (1): 1 – 23.

[241] THERNEAU T, LUMLEY T. Survival: Survival analysis, including penalised likelihood. R package version 2. 36 – 5. 2011, Survival: Survival analysis, including penalised likelihood. R package version.

[242] MACDONALD N, PHILLIPS I D, MAYLE G. Spatial and temporal variability of flood seasonality in Wales [J]. Hydrological Processes, 2010, 24 (13): 1806 – 1820.

[243] MEDIERO L, SANTILLÁN D, GARROTE L, et al. Detection and attribution of trends in magnitude, frequency and timing of floods in Spain [J]. Journal of Hydrology, 2014, 517: 1072 – 1088.

[244] VILLARINI G, SMITH J A, BAECK M L, et al. On the frequency of heavy rainfall for the Midwest of the United States [J]. Journal of Hydrology, 2011, 400 (1 – 2): 103 – 120.

[245] VITOLO R, STEPHENSON D B, COOK I M, et al. Serial clustering of intense European storms [J]. Meteorologische Zeitschrift, 2009, 18 (4): 411 – 424.

[246] GREENE W H. Econometric analysis. [M]. Pearson Education India, 2003.

[247] DIGGLE P. A kernel method for smoothing point process data [J]. Applied statistics, 1985:

138 - 147.

[248] MUDELSEE M, BÖRNGEN M, TETZLAFF G, et al. Extreme floods in central Europe over the past 500 years: Role of cyclone pathway "Zugstrasse Vb" [J]. Journal of Geophysical Research: Atmospheres, 2004, 109: D23101.

[249] XIAO M, ZHANG Q, SINGH V P, et al. Regionalization – based spatiotemporal variations of precipitation regimes across China [J]. Theoretical and Applied Climatology, 2013, 114 (1 - 2): 203 - 212.

[250] MUDELSEE M. Climate time series analysis: classical statistical and bootstrap methods: Atmospheric and Oceanographic Sciences Library, v. 42, 474 p. Springer. Price. 2010.

[251] UMMENHOFER C C, SEN GUPTA A, ENGLAND M H, et al. How did ocean warming affect Australian rainfall extremes during the 2010/2011 La Niña event? [J]. Geophysical Research Letters, 2015, 42 (22): 9942 - 9951.

[252] PUI A, SHARMA A, SANTOSO A, et al. Impact of the El Nino – Southern Oscillation, Indian Ocean Dipole, and Southern Annular Mode on Daily to Subdaily Rainfall Characteristics in East Australia [J]. Monthly Weather Review, 2012, 140 (5): 1665 - 1682.

[253] RISBEY J S, POOK M J, MCINTOSH P C, et al. On the remote drivers of rainfall variability in Australia [J]. Monthly Weather Review, 2009, 137 (10): 3233 - 3253.

[254] PUI A, LAL A, SHARMA A. How does the Interdecadal Pacific Oscillation affect design floods in Australia? [J]. Water Resources Research, 2011, 47: W05554.

[255] PEPLER A, TIMBAL B, RAKICH C, et al. Indian ocean dipole overrides ENSO's influence on cool season rainfall across the eastern seaboard of Australia [J]. Journal of Climate, 2014, 27 (10): 3816 - 3826.

[256] THOMPSON D W J, WALLACE J M. Annular modes in the extratropical circulation. Part I: Month – to – month variability [J]. Journal of Climate, 2000, 13 (5): 1000 - 1016.

[257] HENDON H H, THOMPSON D W J, WHEELER M C. Australian rainfall and surface temperature variations associated with the Southern Hemisphere annular mode [J]. Journal of Climate, 2007, 20 (11): 2452 - 2467.

[258] LAVENDER S L, ABBS D J. Trends in Australian rainfall: contribution of tropical cyclones and closed lows [J]. Climate Dynamics, 2013, 40 (1 - 2): 317 - 326.

[259] DE Michele C, SALVADORI G. On the derived flood frequency distribution: analytical formulation and the influence of antecedent soil moisture condition [J]. Journal of Hydrology, 2002, 262 (1): 245 - 258.

[260] MERZ B, PLATE E J. An analysis of the effects of spatial variability of soil and soil moisture on runoff [J]. Water Resources Research, 1997, 33 (12): 2909 - 2922.

[261] BARNSTON A G, LIVEZEY R E. Classification, seasonality and persistence of low – frequency atmospheric circulation patterns [J]. Monthly Weather Review, 1987, 115 (6): 1083 - 1126.

[262] BAKER V, KOCHEL R C, PATTON P C. Flood geomorphology [C] Wiley – Interscience 1988.

[263] GU X, ZHANG Q, SINGH V P, et al. Changes in magnitude and frequency of heavy precipitation across China and its potential links to summer temperature [J]. Journal of Hydrology, 2017, 547: 718 - 731.

[264] BRODIE I M, KHAN S. A direct analysis of flood interval probability using approximately 100 – year streamflow datasets [J]. Hydrological Sciences Journal – Journal Des Sciences Hydrologiques, 2016, 61 (12): 2213 - 2225.

[265] FRANKS S W, KUCZERA G. Flood frequency analysis: Evidence and implications of secular cli-

mate variability, New South Wales [J]. Water Resources Research, 2002, 38 (5): 1062.

[266] RUSTOMJI P, BENNETT N, CHIEW F. Flood variability east of Australia's Great Dividing Range [J]. Journal of Hydrology, 2009, 374 (3-4): 196-208.

[267] ISHAK E, RAHMAN A, WESTRA S, et al, Preliminary analysis of trends in Australian flood data [R]. Rhode Island, 2010.

[268] GU X H, ZHANG Q, SINGH V P, et al. Hydrological response to large - scale climate variability across the Pearl River basin, China: Spatiotemporal patterns and sensitivity [J]. Global and Planetary Change, 2017, 149: 1-13.

[269] HUANG S Z, HUANG Q, CHANG J X, et al. Linkages between hydrological drought, climate indices and human activities: a case study in the Columbia River basin [J]. International Journal of Climatology, 2016, 36 (1): 280-290.

[270] WARD P J, EISNER S, FLORKE M, et al. Annual flood sensitivities to El Nino - Southern Oscillation at the global scale [J]. Hydrology and Earth System Sciences, 2014, 18 (1): 47-66.

[271] CAI W, COWAN T, SULLIVAN A. Recent unprecedented skewness towards positive Indian Ocean Dipole occurrences and its impact on Australian rainfall [J]. Geophysical Research Letters, 2009, 36: L11705.

[272] KING A D, ALEXANDER L V, DONAT M G. Asymmetry in the response of eastern Australia extreme rainfall to low - frequency Pacific variability [J]. Geophysical Research Letters, 2013, 40 (10): 2271-2277.

[273] POWER S, TSEITKIN F, TOROK S, et al. Australian temperature, Australian rainfall and the Southern Oscillation, 1910-1992: coherent variability and recent changes [J]. Australian Meteorological Magazine, 1998, 47 (2): 85-101.

[274] ROPELEWSKI C F, HALPERT M S. Global and regional scale precipitation patterns associated with the El - Nino southern oscillation [J]. Monthly Weather Review, 1987, 115 (8): 1606-1626.

[275] WATTERSON I G. Components of precipitation and temperature anomalies and change associated with modes of the Southern Hemisphere [J]. International Journal of Climatology, 2009, 29 (6): 809-826.

[276] NICHOLLS N. Sea surface temperatures and Australian winter rainfall [J]. Journal of Climate, 1989, 2 (9): 965-973.

[277] POWER S, CASEY T, FOLLAND C, et al. Inter - decadal modulation of the impact of ENSO on Australia [J]. Climate Dynamics, 1999, 15 (5): 319-324.

[278] SIVAPALAN M, BLOSCHL G, MERZ R, et al. Linking flood frequency to long - term water balance: Incorporating effects of seasonality [J]. Water Resources Research, 2005, 41 (6): W06012.

[279] MESSNER F, MEYER V. Flood damage, vulnerability and risk perception - Challenges for flood damage research [C] NATO Advanced Research Workshop on Flood Risk Management - Hazards, Vulnerability and Mitigation Measures Ostrov, Czech Republic 2006.

[280] TARHULE A. Damaging rainfall and flooding: The other sahel hazards [J]. Climatic Change, 2005, 72 (3): 355-377.

[281] GU X, ZHANG Q, SINGH V P, et al. Nonstationarity in the occurrence rate of floods in the Tarim River basin, China, and related impacts of climate indices [J]. Global and Planetary Change, 2016, 142: 1-13.

[282] RISKO S L, MARTINEZ C J. Forecasts of seasonal streamflow in West - Central Florida using

multiple climate predictors [J]. Journal of Hydrology, 2014, 519: 1130 - 1140.

[283] ZHOU G Y, X H W, X Z C, et al. Global pattern for the effect of climate and land cover on water yield [J]. Nature Communication, 2015, 6: 1 - 9.

[284] LINDESAY J A, JURY M R. Atmospheric circulation controls and characteristics of a flood event in central South Africa [J]. International Journal of Climatology, 1991, 11 (6): 609 - 627.

[285] XIAO M Z, ZHANG Q, SINGH V P. Influences of ENSO, NAO, IOD and PDO on seasonal precipitation regimes in the Yangtze River basin, China [J]. International Journal of Climatology, 2015, 35 (12): 3556 - 3567.

[286] SHEN M X, CHUI T F M. Characterizing the responses of local floods to changing climate in three different hydroclimatic regions across the United States [J]. Advances in Water Resources, 2021, 150.

[287] WARD P J, BEETS W, BOUWER L M, et al. Sensitivity of river discharge to ENSO [J]. Geophysical Research Letters, 2010, 37 (12): 12402.

[288] WARD P J, KUMMU M, LALL U. Flood frequencies and durations and their response to El Niño Southern Oscillation: Global analysis [J]. Journal of Hydrology, 2016, 539: 358 - 378.

[289] XIAO M, ZHANG Q, SINGH V P, et al. Transitional properties of droughts and related impacts of climate indices in the Pearl River basin, China [J]. Journal of Hydrology, 2016, 534: 397 - 406.

[290] SAJI N H, YAMAGATA T. Possible impacts of Indian Ocean Dipole mode events on global climate [J]. Climate Research, 2003, 25 (2): 151 - 169.

[291] HENLEY B J, GERGIS J, KAROLY D J, et al. A Tripole Index for the Interdecadal Pacific Oscillation [J]. Climate Dynamics, 2015, 45 (11 - 12): 3077 - 3090.

[292] RIGBY R A, Stasinopoulos D M. Generalized additive models for location, scale and shape [J]. Journal of the Royal Statistical Society Series C - Applied Statistics, 2005, 54: 507 - 544.

[293] SINGH J, VITTAL H, KARMAKAR S, et al. Urbanization causes nonstationarity in Indian Summer Monsoon Rainfall extremes [J]. Geophysical Research Letters, 2016, 43 (21): 11269 - 11277.

[294] WUNSCH C. The interpretation of short climate records, with comments on the North Atlantic and Southern Oscillations [J]. Bulletin of the American Meteorological Society, 1999, 80 (2): 245 - 255.

[295] ZHANG Q, WANG Y, SINGH V P, et al. Impacts of ENSO and ENSO Modoki+A regimes on seasonal precipitation variations and possible underlying causes in the Huai River basin, China [J]. Journal of Hydrology, 2016, 533: 308 - 319.

[296] MEREDITH E P, SEMENOV V A, MARAUN D, et al. Crucial role of Black Sea warming in amplifying the 2012 Krymsk precipitation extreme [J]. Nature Geoscience, 2015, 8 (8): 615 - 619.

[297] WANG G, HENDON H H. Sensitivity of Australian rainfall to Inter - El Niño variations [J]. Journal of Climate, 2007, 20 (16): 4211 - 4226.

[298] CAI W J, VAN RENSCH P, COWAN T, et al. Asymmetry in ENSO Teleconnection with Regional Rainfall, Its Multidecadal Variability, and Impact [J]. Journal of Climate, 2010, 23 (18): 4944 - 4955.

[299] BOX P, THOMALLA F, VAN Den Honert R. Flood Risk in Australia: Whose Responsibility Is It, Anyway? [J]. Water, 2013, 5 (4): 1580 - 1597.

[300] ALLEN M R, INGRAM W J. Constraints on future changes in climate and the hydrologic cycle

[J]. Nature, 2002, 419 (6903): 228 – 232.

[301] BERGHUIJS W R, LARSEN J R, TIM H M, et al. A Global Assessment of Runoff Sensitivity to Changes in Precipitation, Potential Evaporation, and Other Factors [J]. Water Resources Research, 2017, 53 (10): 8475 – 8486.

[302] HALGAMUGE M N, NIRMALATHAS A. Analysis of large flood events: Based on flood data during 1985 – 2016 in Australia and India [J]. International Journal of Disaster Risk Reduction, 2017, 24: 1 – 11.

[303] LIU J Y, ZHANG Y Q, YANG Y T, et al. Investigating Relationships Between Australian Flooding and Large – Scale Climate Indices and Possible Mechanism [J]. Journal of Geophysical Research – Atmospheres, 2018, 123 (16): 8708 – 8723.

[304] TANG Q, OKI T, KANAE S. A distributed biosphere hydrological model (DBHM) for large river basin [J]. Proceedings of Hydraulic Engineering, 2013, 50: 37 – 42.

[305] NAYAK M A, VILLARINI G, BRADLEY A A. Atmospheric Rivers and Rainfall during NASA's Iowa Flood Studies (IFloodS) Campaign [J]. Journal of Hydrometeorology, 2016, 17 (1): 257 – 271.